走上成功的阶梯

王铁军　李安茂　著

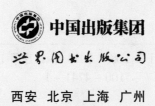

中国出版集团

世界图书出版公司

西安　北京　上海　广州

图书在版编目（CIP）数据

走上成功的阶梯／王铁军，李安茂著. —西安：世界图书出版西安有限公司，2014.1
ISBN 978 – 7 – 5100 – 4741 – 1

Ⅰ.①走…　Ⅱ.①王…②李…　Ⅲ.①成功心理—青年读物　Ⅳ.①B848.4 – 49

中国版本图书馆 CIP 数据核字（2013）第 289289 号

走上成功的阶梯

作　　者	王铁军　李安茂
特邀策划	布衣书生
责任编辑	赵亚强
校　　对	余　敏
封面设计	诗风文化

出版发行	**世界图书出版西安有限公司**
地　　址	西安市北大街 85 号
邮　　编	710003
电　　话	029 – 87233647（市场营销部）
	029 – 87235105（总编室）
传　　真	029 – 87279675
经　　销	全国各地新华书店
印　　刷	陕西天意印务有限责任公司
成品尺寸	240mm×170mm　　1/16
印　　张	15.25
字　　数	200 千字

版　　次	2014 年 1 月第 1 版　2014 年 1 月第 1 次印刷
书　　号	ISBN 978 – 7 – 5100 – 4741 – 1
定　　价	29.80 元

☆如有印装错误，请寄回本公司更换☆

序

生存与生活的经历，实际就是一部浩繁的人生哲学。面对着大千世界的变化，面对着生命成长的兴衰，人会产生多种感悟和意念，这其中寻求成功的人生，便是影响力最为深刻、最为持久且最为普遍的一个命题。成功对于人生而言，就仿佛是要去征服一座大山，向山顶迈进的每一步都可以视为是成功之举。不论是在山底摩拳擦掌，或是在半山征战犹酣，抑或是在山顶惊回首离天三尺三，一路进程都在演绎不断搏击、不断进取、不断成功的精彩人生。在本书的众多故事中你会看到，其实每个人都制定有自己的人生奋斗目标，尽管这些目标的设定会因人而异，因环境而异，但是努力追求成功这一点必定是共通的。

家庭教育、学校教育、社会教育都是一个人成才、成功必不可少的环节，尤其是家庭教育，更是青少年成才、成功的重要一环。而本书作者正用心于此，以其为学、从军、从政、从医、从商的丰富经历，把与孩子们成长直接相关的那些因素挑选出来，精选出部分具有指导意义的故事，结合作者身边的各类人与事，对其来进行分析和点评，指引青年才俊们发现成功的自己，走上成功的阶梯。

　　成功励志方面的书籍繁多，大多是一些商界成功人士不可复制的经历、经验，而渴望成功的青年志士盲目崇拜，照搬模仿，很多人被"撞得头破血流"，却始终未成功。其实，要想成功，练好基本功、开阔视野，是必不可少的。这本书与目前市场上的成功励志类图书完全不同，它为读者指明了成功的方向和必须具备的素质及能力，从富有哲理的故事中启发读者，为成功铺路。这本书有很重要的现实指导意义：第一，它符合心理科学和教育科学的规律。虽然属于科普性质的书籍，但是全书所涉及的内容符合现代心理科学和教育科学的科学性要求。其中包括心理学和教育学的知识，诸如发展心理学、儿童心理学、青年心理学、教育心理学有关的基本规律。第二，通俗性、科普性、趣味性都比较强。全书所涉及的内容基本都是青少年成长中的具体事例，表达朴实，情感真实，没有矫揉造作、牵强附会，让人阅读后感觉可信度高。第三，全书的连贯性强。本书几十万字，主题鲜明，观点一致，前后连贯，虽然是把很多事例凑在一起，但相互之间观点和文理互相连贯，没有出现矛盾，也不存在东拉西扯的现象，使人读来觉得连贯、通顺、亲切。

　　综上所述，我认为本书值得一读。希望本书能让更多的有志青年获得成长与成功的素养与动力，使得他们均能由此多多受益。

著名心理学专家、教育专家、陕西师范大学教授
国务院突出贡献专家特殊津贴终身享受者

2012.6.4

前　言

成功是每个人美好的人生梦想。

当结束了幼稚朦胧的孩提时代，步入充满幻想与冒险色彩，且多姿多彩富于变化的青春时代后，成功的概念和景象就开始深深扎根于人们的头脑中。如同本书众多故事中所提及的那些不同人物那样，不论人们的处境、生活、工作有何等的差距与不同，但成功的梦都同样会始终在心中萦绕。也正是由于如此，不论人们的处境、生活、工作有何等的差距与不同，但去寻梦、追梦，将其变成现实的计划，都会增添人们对未来的深切希望与美好憧憬。

成功是激励人生不断进取和奋斗的源动力。

相对而言，其人生事业与发展应是漫长的，而且这个漫长的人生进程，并非是一马平川、风平浪静的。通过本书众多的故事中那些情节，你也许会发现成功的进取有时曲折迂回、风大浪险；有时一片光明，事事畅通顺利；有时一片混沌，事事多疑多惑；有时一片黑暗，事事遭困遇阻。即使是这样，大多数人都不会轻易否定自己对成功的不懈追求，因为在他们眼中成功已是那轮映红天边、喷薄欲出的朝阳，已是那遥遥欲见地平线的远行航船，所以依然故我地扬鞭策马，不弃不离地朝着既定目标奋力拼搏和进取，使得寻求成功的人生之路不断向前延伸。

成功是所有人共同面对的同一条终点线。

在成功面前，本就不存在偏颇与照顾这类字眼，所有的人都共同站在起跑线上面对着前方的终点，不过与体育运动的赛跑有所不同，人们所在意的均是冲过这条终点线。坦率地讲，尽管人们起跑后的前后快慢会有所不同，但是要去冲刺的这个终点对于所有人一定都是一致的。跑在前面的人可能会先期到达终点线，而跑在后面的人或是会加速超过前面的领先者到达终点线，或是落在其后，晚些到达终点线。不论怎样，只要是冲过了这条终点线，就都可以被视为取得了最终的成功。从这个意义上讲，人们不必自怨自艾，不必心存卑怯，不必左顾右盼，眼中所需要的仅是紧紧地盯着横在前方的那条终点线。

成功其实没有捷径可循。

既然是向终点线冲刺，兴许有人就此动了脑筋，我可不可以不去跑那么多的路程，选条捷径直接过去不更省事、更快捷吗？其实不然，通向每个成功的路径均属"华山之路"，本就是只此一条，其他地方皆是悬崖峭壁和断道绝途，根本没有可供选择的余地。在实践中，那些投机取巧、中途而废、原地打转的人，充其量也只能算做是那些成功地冲过终点线的优胜者的旁观者罢了，本书众多故事中那些典型的范例不就是如此吗？假如你不想做个旁观者，就不要随意地去动那走捷径的歪脑筋。

成功的机会相当重要。

和其他事物运行发展的规律相同，成功也是需要去积极寻找机会、及时抓捕机会以及努力创造机会的。我们说过成功的机会在人人面前是平等的，但这并不意味着你随时伸手就可以随意地抓到它们。也就是说成功的机会是存有边界条件的，只有当你完全符合了这种边界条件，你才能够相对而言较易地找到成功的机会。那么这样的边界条件究竟是怎样的呢？我想当你阅读完本书后，就会省悟，并有明确的目标。

有了成功的机会，并不意味着你就已获成功。

成功的概念是你将一件事或一个事业，从开始阶段做到足可以告一段落时，你都做得完好无缺，比他人的表现更为突出，得到外界的肯定与好评，对社会做出了相应的贡献，达到了自己预期的奋斗目标，并且在名利上已经获得较大的收益。不管是大的成功还是小的成功，都应以此作为衡量标准。但是在获取成功的实践中，并不是所有人都对此十分清楚。如同本书众多故事中的有些人物，当他们先于他人或优于他人得到成功机会后，就从中产生了优越感，将其作为包袱背了起来，错误地以为自己也算是个成功者了，并因之洋洋得意起来不再思进取，不再艰辛跋涉了。待到某天身边有人真的获取成功，结果相比之下自己与人差距甚大时，这才发现自己实际并不算是成功者。如果你在阅读本书时明白上述人物的这次"触雷"，是犯了丢弃机会的严重错误，那么你就应让自己警惕起来，当遇到如此这般的情形时，就绝对不要再去触及这颗危险的"雷"了。

失败和成功的距离其实并不遥远。

青年人在追寻成功的过程中，多数都会有屡遭失败的经历。这些失败自然会带出负面的影响，使得他们因此产生某些消极的想法：一是成功于己而言实在太难了，对自己能力产生怀疑；二是认为命运在故意捉弄自己，对自己前途深感迷惘；三是挑剔他人成功是因条件太好，怨天尤人放纵自我；四是不成功也不成仁甘居中下游，蜷缩进龟壳内心灰意懒；五是停下满心疲惫的进取之程，左右观望他人的举动，凡此种种不一而足。这些想法与做法对于成功，无疑都会产生种种消极影响。

还有些人并不是这样的，他们不仅牢记"失败乃成功之母"这句至理名言，还能够将其与自己的实际状况紧密联系起来，能够在最为困难的时刻咬紧牙关硬挺下去，向前的脚步一刻也不停下来，不论这种僵持局面将持续多久均从无半点放弃的念头。也是公正的上天有眼，最终这些人绝大多数会现身于成功的终点线上。就此，有人曾给予了十分形象的总结：既然失败是成功之母，那么成功"之母"一定离失败"之子"不会是太遥远的。

那么又该如何来解释，实际上成功者毕竟是少数这一现象呢？我以为其原因就在于：到达成功彼岸必须经过独木桥，可是能从独木桥顺利通过的人并不多，凡通过独木桥者皆对"失败乃成功之母"有着深刻地感悟与准确地理解。因而，从某种意义上说，让这种深刻感悟与准确理解能在自身心中落定，有时竟然会比获取成功来得更加艰难。

如果你能从本书中的那些成功者身上看到自己的影子，那么你就是个成功者，至少算得上是将要获取大成的准成功者。

如果你能从本书中的那些失败者身上看到自己的影子，那么你就是个失败者，至少算得上是存在不少缺陷的准失败者。

到底孰是孰非，阅读完本书应该会有明确的定论。但这并不是本书的目的，其真正的目的在于如何让更多的有志青年因阅读完本书而走向成功，能较为顺利地实现个人的梦想和目标，给望子成龙的家长们一个值得满足与骄傲的谢恩回报。

2014 年元月

目 录

你可以从别人那里汲取某些思想，但必须用自己的方式加以思考，在你的模子里铸成你思想的砂型。

（英）兰姆

1. 思维：出其不意，一击制胜

在一般情况下，人们惯用传统的、经验的、固定的思维模式去思考问题，不轻易改变这种思维模式，从而使有些问题无从解决。

其实，在遇到难于解决的问题时，假如你能换一个角度去思考，或改变思维的方向，也许就会柳暗花明，找到解决问题的办法。

走上成功的阶梯 成功者之所以与众不同，就是在于他们的思维模式更灵活。他们的思维方向不是固定的，当大家都朝着同一个方向思考问题时，他们却朝相反的方向去思考。这样的思维方式叫逆向思维。

有位中年人走进一家银行贷款部，在接待来客的椅子上坐下来。贷款部经理微笑着迎上前问道："先生，有什么事需要我为您效劳吗？"他在询问的同时，也在仔细打量着来人，只见来客身着名贵服装，脚蹬高档皮鞋，手腕上戴着价格昂贵的手表。

来客说："我想借点钱。"

经理问："您想借多少？"

来客说："借1美元。"

此刻，这位经理几乎以为自己听错了，先是感到很吃惊，但随后又转念想：只借1美元？或许他是在试探我们的工作质量和服务效率，于是依然微笑着说："先生，如果您有担保，随意您借多少。"

来客从皮包中取出一些股票、证券放在经理面前说："我拿这些做担保可以吗？"

经理认真清点后回答："足够了先生，您这些有价票据总共是50万美元。"紧接着他又加重语气再次问道："不过先生，您真的确定只借1美元吗？"

来客这时有些不耐烦了，答道："没错，就是这样的。"

经理见这样，就不便再多问，认真地为他办理了借贷手续，随后说："先生，这是您的借款凭证，如果到期您归还1美元及6%的年息，我们就会把这些股票、证券一并交还给您。"

来客办理完手续后说了声"谢谢"，然后准备起身离去。

这时，一直旁观这件事的银行行长迎面走上前，对那位先生说：

"先生，请原谅我的冒昧，我是这家银行的行长。您刚才用50万美元的证券做了担保，但为什么只借1美元呢？我实在是有些搞不明白。"

来客看着行长满脸的疑虑和认真的神情，淡淡一笑回答道："其实原因很简单，既然您想知道，我就不妨把实情告诉您。我是为某些经营事项来到这儿的，但这些证券总带在身边很不安全，考虑到这边金库保险箱租金实在是太昂贵了，所以我就以贷款担保的形式把它们存放在贵行，这样我最多不过支付6美分的利息，就能达到预期的目的。"

走向成功的分析 这位先生的思维有其独到之处，他避开人们惯常采用的租赁保险箱存放贵重物品的方式，而是将这些贵重物品以贷款抵押的形式存入银行，这不仅达到了安全存放的目的，同时也省去了一笔昂贵租金。这个与众不同的思维所产生的是成倍增加的价值效率。你要去完成一件事情，可以从多个视角出发进行选择，其中必定有一个最快捷、最有效。但是，遗憾的是在许多时候人们由于缺少非同一般的思维方式，所以不能及时发现它们，而还是在沿用传统和习惯的做法去行事。你可以对比一下，看看自己究竟是属于哪一类。如果是后者，就必须改进。

走上成功的阶梯 好的思维定势，可以促使人逐步走向成功。这是因为，这样的思维会使人们的具体办事能力和实际行为能力均得到强化与优化，不至于出现走弯路、出差错及低效率的现象。同样是一件事情，有人会认为其至关重要，有人会认为其无关紧要。

虽然两种思维之间仅是一字之差，但是最终的结果却是截然不同的。

完成加班任务后已经很晚了，赵工感到非常饥饿，就走进一家小饭馆，叫了份扬州炒饭后便坐下来喝茶等候。

这时，他听到老板和老板娘在厨房里小声对话。

老板娘："哎呀，米饭没有了！"

老板："那就再蒸一锅吧！"

老板娘："就一个客人，就用一份米饭，要再蒸一锅吗？"

老板："对，快去再蒸一锅吧！"

半个小时后赵工吃上了扬州炒饭。

吃完饭结账时，赵工忍不住问这位小饭馆的老板："我来时你们已是准备打烊了，就因为我一个人又去蒸一锅米饭，这不浪费吗？其实，你完全可以叫我去其他餐厅嘛。"

老板满脸正经地说："不浪费。既然您已经走进我的店，就是给我们机会，如果我们随意地放弃这个机会，不就意味着加大经营成本了吗？能够赢得每位顾客对我们小店的满意和喜欢，这就是我们最大的效益，而一小锅米饭的成本是不能与之相提并论的。您也看到了，不是我自吹自擂，这就是我开店的经营理念。"

后来，赵工和许多人一样成为了这里的常客。

再后来，这家小饭馆变成了大饭店。

走向成功的分析 这个老板的经营理念，包含着非常清楚的盈利意识，这就是利益来源于顾客，赢得顾客的青睐越多利润就越高。所以，他才会在仅有赵工一人就餐的情况下，仍然决定再蒸一锅米饭。你应该很清楚，在利益面前每个人难免都要进行一番盘算，这是人之常情。但是，千万不要因此而干出只计小利，不见大利，"捡了芝麻，丢了西瓜"的事来。这个小饭馆老板的思维方法就决定了他对"西瓜"和"芝麻"有着非同一般的鉴别能力，所以他最终取得了成功。你在进行利益的权衡时，做得是否比小饭馆老板更好呢？

走上成功的阶梯　若是将细小的东西置于放大镜下，就会非常清晰地看到该物体的细节。正确积极、细致入微的思维方式就像放大镜，事情的细枝末节、来龙去脉都会呈现在人的眼前。

有两个美国人是好朋友，其中一位是工程师，另一位是逻辑学家。一次，两人相约来到埃及参观金字塔。

有一天，工程师独自去街头游逛。忽然，他的耳边传来阵阵"卖猫啊，卖猫啊！"的叫卖声。他顺声寻去，只见一位老妇人坐在街边，身边放着件标价500美元的工艺品：一只黑色的"猫"。于是，在好奇心的驱使下他便走上前去观赏。在交谈中，老妇人说这件工艺品是她祖上传下来的，因为要给家人筹集医疗费，不得已才拿出来卖的。工程师拿起"猫"来仔细端详，看到其表面陈旧，光泽暗淡，分量沉重，便认定是铸铁做的，但当看到那对猫眼时，他立刻断定那是用两颗很大的珍珠做成的。

于是，工程师强压着心中的激动，对老妇人说："我给你300美元，只买两只猫眼，行吗？"老妇人思忖片刻后便同意成交。工程师兴高采烈地回到下榻旅馆，进门后马上对着逻辑学家炫耀说：

"你瞧瞧，我今天最有收获，仅用 300 美元就买到两颗硕大无比的珍珠。"

逻辑学家接过珍珠细看，这两颗珍珠确属少见，少说也值上千美元，于是便询问是怎么回事。当听完工程师的讲述后，逻辑学家急切地追问："那位老妇人现在是否还在原处?"

工程师漫不经心地说："或许还在，她肯定还想卖掉手中那块毫无价值的铁疙瘩。"逻辑学家听后，即刻起身上街找到了老妇人，并交给她 200 美元，把已没有了眼睛的"猫"买了下来。返回旅馆后，逻辑学家坐下来一声不响地摆弄着手中的"猫"。工程师见状嘲笑道："老兄，你的心真够慈善的，花 200 美元买回个废旧品。"也就是在此刻，逻辑学家突然激动地大叫起来："不出我所料，不出我所料，真不出我所料，它是纯金制作的!"

原来，"猫"身的外表涂了一层厚厚的黑色油漆，由于年久的缘故，看上去便很像是用铸铁做的。当逻辑学家用小刀刮落其外表涂层时，便显露出了一道金灿灿的印迹。

此时，工程师万分懊悔当初为什么没有把它全买下来。这回，逻辑学家反过来嘲笑他说："老兄，虽然你有很好的宝物鉴别能力，但你的思维似乎出了点问题。既然'猫'眼珠用非常珍贵的珍珠做成，那么'猫'身怎能会是不值钱的普通铸铁呢?"

走上成功的分析 对眼前所遇到事物认识的深度和广度，是与人们所具有的思维"触角"的长度有关的。很明显逻辑学家的思维"触角"要比工程师伸展得深远，所以他才能够得到更为值钱的宝物。正所谓：只有想得深，才会看得高；只有看得高，才能行得远。诚然，关于鉴别宝物这类事情并不是每天都会发生的，但是你每天都会遇到需要思索与分辨的事物，为了不至于出现诸如工程师的行为，你千万不要知其然而不知其所以然，蜻蜓点水般地将自己的思维仅仅停留在事物的表面上，而必须努力把自己思维的"触角"伸得更长、伸得更远。你在认识事物时，可能会被其表面现象所迷惑而放弃了深入地研究与探索，那么你的能力就将受到极大的限制，所采用的方法也会是十分粗浅的，你的收效也将仅是限于皮毛而不会深入到事物的内部去。

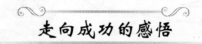

走向成功的感悟

成功者的思维之所以能量强大，就在于他们对身边发生的一切事物具有非常机智敏锐的反应：常常可以在最短的时间内，用最直接的方法，去伪存真、由表及里，准确认识和抓住事物最为本质的规律和矛盾，然后动手使棘手的难题得以顺利解决。

成功者的思维之所以高效，是因为他们能利用正确的思维指导自己对事物的认识，不仅完全符合客观规律，而且时常不落俗套、独具一格，能及时发现不易被人注意的关键环节和因素，使自己能抓住更多的机会。如此一来，才会产生种种积极的、创新的思维，并且依靠这样的思维锐器和钥匙来为自己打开成功的大门。

人生最本质的财富是你自己，你自己就是一座巨大的矿藏，只要开发，就能有无穷的潜力。也只有开发，你的一切才能显现出来，才能熊熊燃烧起来，才能闪出光彩来。

胡延楣

2. 悟性：学贵心悟，守旧无功

　　悟性是指人们对事物本质与规律的认知、分析和理解的能力，同时也指对自身智力与自身潜能进行开发的能力。此处，"悟"意味着启蒙、生成、孕育、开发，"性"意味着形式、程度、定型。同样的人、同样的外部条件、同样去做一件事情，为什么有人做得非常出色，有人却做得十分失败呢？这其中有个十分重要的原因，即他们彼此间的内因并不是处在一个起点上，而在这些内因中发挥重要作用的一个因素，就是每个人的悟性。

走上成功的阶梯　当奔跑的速度成为生死攸关的关键环节时，其意义就远远超出了奔跑本身。于是，所有奔跑者均会对不断提高速度的重要性产生深刻的领悟。当危险来临的时候，人们的意识与举动也是有所区别的，有的危不择思，而有的危而健思。由于两者的悟性不同，自然其结果也就会大相径庭。

有两个人相约去深山野林中远足并夜宿。晨曦将至，突然从丛林深处闯出一头饥饿的大黑熊，并且直奔他们的方向而来。两人中的一个即刻起身忙着穿鞋，而另一个却在催促同伴："你还穿什么鞋？没时间了赶紧光脚跑吧，我们肯定都没这只黑熊跑得快呀！"

忙着穿鞋的人则答道："我并不是企图比黑熊跑得快，只是想如何才能比你跑得快一点。"

人们所面对的大千世界充满变数，有挑战也有机遇，当你亲临"有熊来袭"的情况时，你对于"奔跑"的"快"与"不快"的领悟，都有可能成为决定你成功与否的关键点。你一定要非常清楚自己的主要竞争对手是谁，自己所面对的主要困难在哪里，要知道娴熟地掌握如此要领比单纯的疲于奔命要有效得多。

走上成功的阶梯　在给予和索求之间，也存在着各种不同的观念，而产生这些观念的基础便是人们的悟性。人若是过于计较个人的得失，那么他的欲望便会形同无底洞，永远无法满足。

大笨和大智二人同时得到了命运之神的宠幸。

命运之神说："我可以给你们每人一次中巨奖的机会，让你们终生有花不完的钱。"

这时，大笨不停地叩首称谢，而大智却开口提出了一个请求："我比这个愚笨的家伙拥有更多的智慧，所以我终生理应比他更富有才是。"

命运之神听后，非常勉强地答应了。

果然，大笨发了横财，于是便灯红酒绿，香车美女，终日混迹于高级会所和赌场，如此而已。当所有的钱挥霍一空时，便寿终正寝结束了庸碌无为的一生。

而大智则不同，他只是在自己生命终结的前一天，才有幸中了价值亿元的六合彩。

大笨和大智二人重新投胎，再次同时得到命运之神的宠幸。

这次，大笨依然不停地叩首称谢，而大智仍开口提出了一个额外请求："我比这个愚笨的家伙拥有更多的智慧，所以理应和他在年轻时同样富有，而且在生命的最后时刻，我要比他更富有。"

果然，两个人在同一天得到了2亿元的财富。大笨仍然当即就开始花天酒地的肆意挥霍，而大智却花费了整整一天的时间，来拟定自认为比大笨高明的用钱计划。第二天，他俩都不幸地死去了。

他们二人再次重新投胎后，命运之神第三次宠幸了他们。

这回，大笨还是不停地叩首称谢，而大智则深思熟虑地提出了一个自认为能完全占到大笨上风的最无缺憾的要求，他开口说我要和他同样在年轻时走运，但终生要比他有钱，并且还会长命百岁，这样才对得起我的智慧。

于是，大笨得到了3亿元横财，又去挥霍了一番。而聪明的大智却住进了精神病院，接受精神病医生的护理。

命运之神指出，这是他触犯了原则所致，因为原则是这样规定的：如果一个人处心积虑要把所有的好处都收拢到自己身边，那就将被视为神经器官患上了痼疾。

走向成功的分析　在人的一生中，或许会遇到大起大落，故事中的大笨和大智面对这种起落，各有其行，各有感悟，所以各自的结局也是迥然不同的。由此，你应从中得到这样的启示：不论命运如何起伏，都应处变不惊，多从恬淡知足、节悲抑喜的角度认识问题，合理应对。假如你过于贪婪，也许就会像故事中的大智一样，即使是投入很高深的智慧，最终也都是于己有害、一无所获。

走上成功的阶梯　悟性好的人言语行为都非常严谨，逻辑清晰、思路明确，所作所为令人非常信服。凭借着这种优势，成功者往往能够想出别人所想不到的，看出别人所看不到的，做出别人所做不到的，所以做起事来总是先人一步、胜人一筹。

有一位电台生活栏目的记者，听说有个卖辣椒的商贩非常善于经营，于是决定亲自察看一番。来到商贩摊前，见车上辣椒堆在一起，记者根据自己买菜的经验向商贩建议："你应该把辣椒分开堆放，这样可能好卖些。"谁知，商贩闻声只是笑笑，并未见有任何行动。

不一会儿，第一位买主来了，她上前问商贩的话是最常听得到的那句：“这辣椒辣吗?”商贩以肯定的语气回答买主：“颜色深的辣，颜色浅的不辣!”于是买主挑好辣椒付过钱，满意地走了。说来也巧，那天来买辣椒的大部分买主都挑了不辣的，不一会儿颜色浅的辣椒就所剩无几了。记者见状，再次好心地向商贩建议：“把剩下的辣椒分成两堆儿吧，不然就不好卖了!”然而，商贩仍是笑着摇摇头说：“用不着!”

又一个买主来了，也是问：“这辣椒辣吗?”只见商贩看着辣椒随口便答道：“长的辣，短的不辣!”果然，买主就按这个标准开始挑起来。这一轮买卖的结果是短辣椒很快告罄。

看着车上剩下的都是深颜色的长辣椒，记者没有再说话，心想：这回看你还有什么说法。

没想到，当又一个买主问“这辣椒辣吗”时，商贩则信心十足地回答：“硬皮的辣，软皮的不辣!”记者开始暗暗佩服起商贩来：可不是嘛，被太阳晒了半天，确实有些辣椒已经失水变软了。

商贩卖完辣椒，临走时对记者说：“你说的分堆儿卖的办法大家都知道，而我的这种卖法只有我知道!”

走向成功的分析　卖辣椒的商贩正是凭借着良好的悟性，才让自己收获到了成功之果。可以这样说，他在商场上的深刻感悟，就像是迷途中的指路明灯一样，弥足珍贵。你所具备的知识与能力，是需要拿出来参加实践的，它们像“辣椒”一样，需要在不同环境中去面对不同的人，你必须使自己具备那位商贩的能力，才会顺利地让人认可你的“辣椒”。

走上成功的阶梯 人们若是懂得循序渐进、按部就班地去做事情，就会把很难做的事情分解开来，然后分别加以完成，这样做在每一步所遇到的困难就会小些，而最终成功的希望也会大些。当人们具备这种分解大困难的悟性时，那么再难的事情做起来也会无所畏惧。

在 1984 年东京国际马拉松邀请赛中，有位名不见经传的日本选手出人意料地夺得了世界冠军。当记者询问他是凭着什么力量与技能取得如此惊人的成绩时，他仅是很简单地回答："凭自己的智慧去战胜对手。"

当时有不少记者都认为，这个偶然跑赢的矮个子选手的回答是在故弄玄虚。因为，马拉松赛是项体力和耐力的运动，只有那些身体素质非常棒且又具有持久耐力的运动员才有望夺冠，爆发力和速度仅属于其次，至于说用智慧来取胜则确实听起来有些勉强。

两年后，在意大利米兰举行的意大利国际马拉松邀请赛中，这个来自日本的选手再次参加了比赛，而且又一次获得了世界冠军。

记者自然又来请他谈谈获胜的感受。表情木纳、不善言谈的他所回答的仍是上次那句很简单的话：凭自己的智慧去战胜对手。这次，记者们并没有再在报纸上挖苦他，但是对他所说的"智慧"仍然迷惑不解。

直到 10 年之后，这个谜底才终于揭开。

在这位长跑选手的自传中，他是这么讲述的：每次比赛之前，我都要乘车把比赛线路仔细看一遍，并把沿途比较醒目的标志画下来，比如第一个标志是银行，第二个标志是一棵大树，第三个标志是一座红房子，等等，就这样一直画到赛程的终点。比赛开始后，我就以较快的速度奋力向第一个目标冲去，等到达后，我又以同样的速度向第二个目标冲去。40多千米的赛程，就这样被我分解成许多个小目标。实现每个小目标是容易的。就是在这种比较容易的感觉中，我跑完了全程。我最初参赛时，并不明白这个道理，心中的目标就是40多千米外终点线上的那面旗帜，结果当跑到十几千米时就已经十分疲惫，我的意志常常被前面还有的十几千米赛程所击溃。可是，当我默默地在内心分段去跑时，那种疲惫不堪的感觉就不那么强烈了，所以我能够比其他选手更顺利地接近终点。

走向成功的分析 在现实生活中，人们做事之所以常会半途而废，其原因并不单是所做之事的难度很大，而是总认为成功离我们很遥远的心理感受。或者更为确切地说，人们并不是因为失败而放弃做事，而是因为心理胆怯而无法坚持到底。希望你在人生旅途中，做每件事时都能够具有长跑选手参加马拉松赛时的那种悟性，善于破解困难，减少失败引起的懊悔。

走上成功的阶梯 一颗洋葱就能让人泪流满面，却偏偏没有哪一种蔬菜能让人发笑，这恐怕是造物主的疏忽，未免让人心生遗憾。然而，也正是因为有了这许许多多的遗憾，生活才会如此多彩。

有位少妇到老中医那儿去求诊，她已是多日茶饭不思，夜不成寐，身体乏力，日渐消瘦……

老中医为她观过苔象与切过脉后说："你是心中有太多的苦恼事，体积虚火，但并无大碍大病。"少妇听后如遇知音，于是便向老中医倾诉了多日来积于心中的忧虑和烦恼。

老中医听完，又问起另外一些情况："你丈夫对你感情如何？"少妇脸上立刻有了笑容，说道："他很是疼爱我，结婚10年从未红过脸。"老中医又问："你们是否有孩子？"少妇眼里闪烁着光彩，说道："有一个女孩，很乖巧也很聪明。"老中医又问："家里的经济收入还好吧？"少妇则挺直身躯骄傲地说道："我和丈夫都事业有成，生活十分富足……"

只见老中医边问边写，问完后把两张写满字的纸放到了少妇的面前。其中一张上写着她的苦恼事，另一张上则写着她的快乐事。老中医对少妇说："这两张纸就是给你治病的药方，你的病因是把苦恼的事看得太重了，而完全忽视了身边存在的快乐。"老中医一边说着，一边让徒弟送进来一盆水和一只苦胆，然后把胆汁滴入水盆中，只见浓绿色的胆汁在水中逐渐散开，不久后便不见了踪影。老中医指着水盆说："你看胆汁入水，苦味变淡，其实人生又何尝不是如此呢？"

走向成功的分析 老中医开给少妇的祛病良方，其实就是采取正确的人生感悟来对待生活中所发生的事情。有时并不是人们所承受的痛苦太多太重，而是人们并不太善于借用人生快乐之水来冲淡人生困境中的苦味。其实，就当你在深沉叹息甚至痛苦流泪的时候，兴许一些快乐就在身边正朝着你微笑。

走向成功的感悟

人生的态度决定了人生的选择，而人生的选择决定了人生的道路，在漫漫人生中每当需要做选择时，我们已有的对于人生的领悟就会及时指导我们。你的悟性越好，对自身智力与潜能的开发利用就越充分，并可能达到"以出世的态度做人，以入世的态度做事"的最高境界。大彻大悟，是人们所追求与认定的极高精神境界，"彻"意味着近似透明的纯清和近似圆满的意念，"悟"意味着明察秋毫的品味和触类旁通的鉴别。大彻大悟，便是对成功人士悟性的最本质的形容。

人，本来就不是完美无缺的。既有所长，也有所短。要想使每个人最大限度地发挥各自的才能，使之成为得力的合作者，就要扬其所长，避其所短，让他们在各自擅长的领域里大显身手。

（日）德田虎雄

3. 素质：水晶般纯净，钢铁般坚硬

素质是人们的思想意识、体能系统、行为举止等方面本质、全面、综合的反映。由于人们在生理、意识、操行、能力及社会经历等方面各有区别，因而才有了人与人之间素质上的高低差别与良莠区分。人的素质的高低并不是天生带来的，而是在社会实践中逐步累积形成的。因此，人一生中素质表现的高与低，都始终处于不断的变化中。

走上成功的阶梯　一个高素质者，往往具备了遇难不退、激流勇进的强劲能力。同理，一个由众多高素质者组成的团队，往往也就具备了攻无不克、战无不胜的强大能量。

当年有位非常有名的国际友好人士访华，当按事先计划安排他乘船游览三峡时，不料突然遭遇大雨，友好人士一行只好暂时退回船舱避雨，隔窗观赏两岸风光。

此时，有位中国军人正站在船舱外执勤。雨下得很大，这位军人的值勤哨位正好完全暴露在雨中，如果他向船里侧方跨入一步，就足以暂避大雨。但是他并没有那样做，尽管浑身上下已经完全淋透，雨水顺着脸颊直往脖颈里灌，但他依然目视前方昂首挺胸，就像一尊雕像站在雨中纹丝不动。

这个景象被船舱里的友好人士看在眼里，一时间众人像欣赏风景那样，纷纷把目光投在军人的身上，被他的遵纪姿态与威严仪表深深地感动和震撼着。

当离船上岸时，那位以铁腕强硬执政风格著称的友好人士，此刻却带着充满敬佩与感谢之意的柔情微笑，主动走上前去与这位中国军人打招呼并合影留念。临告别时还频频向中国军人竖起大拇指，当众通过翻译对他的敬业素质大加赏识与称赞，并说："这位军人身上有种强大的震慑力，透过它足以让我们领略中国军队所具有的战斗力。"

走向成功的分析　这位军人站立在雨中的形象，让目睹者们无不为之震撼，但其实让他们为之倾倒的，是由这种威严仪表所反映出来的那种极高的军人素质。他之所以能够在那种环境下做出如此举动，是因为平时的严格训练，得益于平时的点滴习惯的养成。不妨试想一下，如果把一个没有经历这两个方面历练的人放在那种环境下，将会是什么样的结果呢？你即使不是军人，也照样需要注意对自身素质的培养和修炼，因为上述类似事件，在生活与工作中并不少见，凡是遇到了都将会是对你的素质进行的一次严格检验，而高素质的表现，也将会有益于你去获取成功。

走上成功的阶梯 有些工作是很危险的，随时都会危及到人的生命，这时人们的精神境界便需要进入相当高的层次，因为没有高素质、高觉悟、高修养，就很难在千钧一发的关键时刻挺身而出。

有位记者在采访中结交了一位朋友，他是公安局刑警队的队长。

这天记者又去公安局刑警队采访，正逢他们突然接到重大案情的通报，说是有罪犯携带枪支正在作案，上级命令全队立即出动。

于是，一番紧急部署和准备后，十几名警员集合起来准备出发。记者见有人拿来五件防弹衣，而那位刑警队长顺手就先拿起一件穿在了自己身上，没有任何谦让之意，其他刑警也争先恐后地穿上了其他四件。

不知怎的，一向敏感的记者对自己的朋友——刑警队长的这一举动在内心泛起一阵遗憾的感觉。

这次任务完成得十分出色，在现场，刑警队长一马当先冲上去闪电般地制服了罪犯，从而阻止了一场暴力流血事件的发生。事后，记者了解到他本人因此而立功受奖。据说局里向上申报的是一等功，但最终批下来的是二等功，理由是这次行动中没有任何流血事件发生。

记者和刑警队长再次见面时，就以取笑的口气对他说那次怎么不受点伤，也好捞个一等功臣当当。谁知刑警队长听后便乐了："你想什么呢？出生入死之际，谁还有立功受奖的闲心？再者说立功又算什么，那时我们连生命都早已置之度外了！"记者听后仍不甘心，就又戏谑地抢白他说："你当时如果不抢先穿上防弹衣，也许真能混上个一等功！"

刑警队长听后先是一愣，当明白记者隐含的用意后，苦笑着说："你这样说我，我是不会责怪你的，因为这里面有些实情你并不清楚。由于经费有限，我们刑警队总共只有5件防弹衣，碰上非常危险的行动，根本不可能保证每人都能穿上一件。所以当任务一来时，大家都会抢先去穿防弹衣。因为，我们队里有条不成文的规定：谁穿上了防弹衣，谁就必须冲在最前面，这实际上就意味着谁就要先于他人去面对死亡的威胁！"

队长说此番话时情绪很平静，但记者的心里却波起云涌、翻江倒海！事后，记者在向人们说起这件事时，是这样表达的：我不但为自己的意识和言语懊悔万分，同时也真切地从这件事上看到了警员们所具有的无私无畏、敢于牺牲的职业素质，相比之下倒是让我看到了自己灵魂的卑微与猥琐。

走向成功的分析 这些争着去穿防弹衣的刑警并非是对生命危险有所顾忌，正相反他们的出发点是尽量让其他队友少些危险，这也正是他们高素质的具体表现。你也常常会遇到个人利益与他人利益相冲突的时候，很难取舍，在这种前提下如果只顾自己，心无他人，你的行为自然也不会得到大家的认可，同时因此而失去获取成功机会的事难免也会发生。

走上成功的阶梯 素质的表现和人们的才干、情感、言行密切相关，尽管才干、情感、言行并不都是源于素质，但是却也丝毫脱离不了素质对其产生的深刻影响力。

有位大公司总裁在中层以上干部会议上宣布了一项决定：考虑到自己年事已高，再在目前这个位置上干下去已力不从心，他提请公司董事会在本周内召开全体董事会议，具体商议应该由谁来接任新的总裁职位。

实际上总裁心里对此已有定夺，他早已看好公司一位才华卓著的总裁助理，他认为凭着他的才干完全可以胜任此职，甚至可能还会青出于蓝而胜于蓝，比自己干得更有成绩。总裁准备在下次会上将他提名，征求各位董事意见之后，就正式确定下来。这位总裁助理，自然也从消息灵通人士那里得知了这个信息，并暗自为自己能在未来大展鸿图而激动不已。

董事会根据董事长的提议，决定在周五上午召开全体董事会，董事长也起草好了一份推荐报告，准备在会上正式提交。

周四晚餐时，总裁夫人突然问他："上周一，来家里送文件的那位先生是姓刘吧？"总裁说："是的，你怎么想起来问他？"总裁误以为是有人托夫人打听明天会议的消息，因为他在家从来不与夫人谈论公司的任何事情。

夫人接着说："今天中午，我去你们公司办公大楼附近的超市购物。车刚开到停车场，就听见有人在大声地争执吵骂，而其中一个就是那位刘先生。我见他十分生气地推开众人后开车走了。我停好车后，就顺便过去打问发生了什么事。"夫人说到这看了一下丈夫，见他在专心听自己讲话，就接着说下去："停车场的保安告诉我，那位先生把车停在残疾人专用的车位上了，当保安赶过去向他解释这里不能停车，并请他停到其他地方时，刘先生非但没有听从保安的要求，反而强词夺理地说现在也没有残疾人过来停车，自己停在那里又怎么样。于是双方就争吵起来，临走时刘先生还骂保安死脑筋、瞎较真！"

总裁听到这里，马上追问夫人："你看准人了吗？真是我们公司的刘先生？"夫人回答："没错的，刘先生开车从我旁边经过时，相隔也不过三米，我不会看错人的。"至此，总裁再也没开口说话，吃完饭后就走进了书房，再也没出来。

第二天，总裁郑重地向董事会提交了自己的推荐报告，但推荐的并不是刘先生，而是另一个人。

原来，总裁听了夫人晚餐时讲的事后，独自在书房考虑了很久，最后还是忍痛割爱，果断地把刘先生的名字从推荐报告中划除了。他向其他董事会成员解释说之所以这样做的理由是：这件事证明在刘先生的身上的确还存有某些缺陷，而像总裁这等重要的领导职位，绝不能轻易交给个人素质还存有缺陷的人！

走向成功的分析 春风得意的刘先生栽了大跟头，因为他个人素质有缺陷。尽管他的工作能力出类拔萃，公司总裁也对他印象深刻，但是就因为停车场的一次争吵，一夜之间改变了总裁对他的良好印象。这个故事也在提醒你，有时就在不经意的情况下，你的个人素质的缺陷就会完全暴露出来，而其所产生的不良影响也是巨大的。所以你从现在开始就要重视培养个人素质，让自己的心灵保持纯净高尚状态，随时清洗掉不良素质的拙迹。

走上成功的阶梯　一个人对待工作的态度也反映着这个人的素质。那些高素质的人必定具备积极饱满的工作热情，敬业又乐业，在他们看来精神上的满足要比物质上的满足更为重要。

到日本访问期间的一天晚上，安杰在日本友人的陪伴下登上住友三角街顶层观赏东京夜景。极目望去，四周灯光宛若星河瀑泻璀璨夺目。当安杰看到有的写字楼仍闪烁着灯光时，便问日本友人："这么晚为什么写字楼还亮着灯？"友人很随意地答道："在日本这是常事，公司的职员们一般都会工作到很晚。"

除了工作热情外，安杰还观察到日本另外一些不同之处。

尽管日本是富裕国家，但人们的生活比较简朴。比如，在饭店里吃饭多采取"定食"的方式，即使是高档餐厅也是这种形式。一份"定食"花样并不少，高档的"定食"往往有十几种菜，但每种数量却很少，有的菜竟然只有一块青梅或一小块没有盐的豆腐。比茶杯大一点的一小碗米饭，刚刚铺满盘底的一小碟牛肉片，一小碗酱汤，外加一小撮咸菜，这就是日本一个中年男子的午餐。实际这是日本文化的一个特色：常带三分饥与寒。这使人们想到：一个富裕的民族，竟然还能保持着如此的朴素，兴许这种朴素正是持续维护日本经济富裕和强大的基础力量。

　　在盂兰盆节假期的最后一天，安杰与友人驾车去日本最著名的旅游胜地伊豆半岛游览。由于是长假最后一天，返城车流形成空前高潮，从伊豆半岛西部通往东京方向100多千米长的公路上几乎全线塞车。日本的道路十分狭窄，她们走的"国道"居然只有上下两条车道，此刻几乎所有的车都是返回东京的，对面则很少见有来车。这样的塞车安杰从未领教过，简直可以说很是壮观，顺路望去看不到头的车流在一步一挪地缓慢行驶。100多千米的路程，她们从下午四五点钟一直走到深夜十二点钟左右。然而就在这全线堵车的100多千米路上，居然没有见到一个维持秩序的交警，也没看到任何一辆车从空荡荡的下行车道向前超行，甚至没有人鸣笛催促前面的车辆。开车人都是耐心地坐在车里，一步一停地向前挪动。如此耐心，如此守秩序，可谓万众一心，有这等高素质的民族真的有些让人敬而生畏！

　　走向成功的分析　安杰在日本访问期间感受到的那些高素质表现，在我国民众身上也有体现，但持久程度、普及范围等还存在差距，有的甚至是较大的差距。所以我们应该从自身做起，先思考如何提高个人素质，进而提高全民族素质，向世界充分展现中华民族强盛优秀的大国风貌和大国素质，为国家与民族的振兴做出实际贡献。

走向成功的感悟

　　素质的表现是多方面的，小到一言一行，大到价值观人生观；普通到吃穿行住，特殊到生死存亡；涉及到一时一事，影射到一生一世；体现在曾经过去，影响着当今未来。因此，一个人，一个单位，一个国家，一个民族都会有自己衡量素质的标准，高于这个标准就会表现出优秀的素质，低于这个标准就会表现出低劣的素质。高素质与低素质之间的差距相对于一个人而言是好与不好，相对于一个单位而言是优势与劣势，相对于一个国家而言是先进与落后，相对于一个民族而言是优质与劣等。所以每个人都应该十分清楚地意识到，自身的素质不仅代表和影响着个人，同时也深刻代表和影响着单位、国家和民族。提高素质，从我做起！

你们不仅应当领会你们学到的知识，并且要用批判的态度来领会这些知识，使自己的头脑不被一堆无用的垃圾塞满，而能具备现代有学识的人所必备的一切实际知识。

（俄）列宁

4. 学习：功欲善其终，必先饱其学

知识是指人们在长期社会实践中积累起来的认识与经验，知识包括书本知识和实践真知，它们同属于文化的范畴。每个人所具有知识的多少，总是和其做事能力的大小成正比关系。实践表明，不论做什么事情，均需要依靠专业人才，因为只有具备了足够的专业知识，才有能力把事情做到最好。

走上成功的阶梯　清初思想家颜元说过："忧愁非读书不释，愤怒非读书不解，精神非读书不振。"可见学习不仅是获得知识的途径，也是醒解人生困惑，寻求人生快意，获取精神食粮的途径。由此得知，人若是不善学，就可能一生一世都是个不懂生活的平庸者。

有一天，有位科员正要赶去上班。他所在的公司这天有个很重要的会议，其中某些议题还直接关系到他今后能否顺利地晋级升职，所以一定不能迟到。可偏偏在这个节骨眼儿上，他的闹钟却罢工了，最糟糕的是20分钟之后，那个重要会议就要开始了。

此刻，他只有乘出租车才有可能及时参加会议。

他好不容易拦到一辆出租车，匆忙上车之后便急着对司机说："请你把车开快点，我要赶时间，拜托你走最短的路吧！"

司机则问道："先生，你确定一下是走最短的路，还是走最快的路？"

科员闻声不免好奇地问："最短的路不是最快的？"

司机回答说："当然不是，现在正是交通高峰时间，那些最短程的路都有交通挤塞的可能。你真的要赶时间的话，就得绕着道走，这样虽然会多走一点路程，但肯定是最快的选择。"

科员自言自语说："这里也有不少学问和门道啊！"

司机接口说："可不是，你别小瞧了开车这行，这其中的学问还真不少。每天我除了开车外，还会专心留意城市交通发展状况，并精心计算每条路在每个时段的车流量，还在内心勾画出了不同时段最不堵车的最佳路线。"

听了司机的这番话后，科员就确定选择走最快的路了。在途中他果然看见几个路口出现不同程度的交通阻塞，严重的地方甚至被车挤塞得水泄不通，而那些路口正是最短路途所要经过的。司机所言极是，开车也存有学问，虽然多走一点路程但一路畅通无阻，抢出很多的时间，很快就到达了目的地，没有耽误科员出席会议。

走向成功的分析　这位司机不仅是在开出租车，同时也是在做怎样开好出租车的学问。要不是他平时勤于精心学习和细致总结，那么他就不会胸有成竹地为科员及时化解燃眉之急了。俗话说"三百六十行，行行出状元"，这其中就引申出一个深刻的寓意，即学习对于实践而言是非常重要的。所以，你也应该像出租车司机那样，认真做好本职工作。你也许会说我又不想去做"状元"，进而为自己懒于学习的不良习惯进行开脱。那你是否意识到，现在生活和工作本身就是一场激烈的竞争，假如不具备必要的知识，在遭到淘汰的名单中你准会是次次"金榜提名"。

走上成功的阶梯　爱因斯坦说过："我实际没有什么特别的才能，不过是非常喜欢寻根问底地追究问题罢了。"其实他的这种寻根问底，既是一种勤于学习探索的过程，也是一种善于开动脑筋运用智慧的过程。你若是擅长利用智慧来认识和处理身边的事务，那么就有可能使自己所掌握的知识技能发挥出更大、更多、更新的实际价值。

古时有户人家，祖辈以漂洗丝絮为业，并且还世代传下来一个预防皮肤冻裂的药方。正是因为有了这剂祖传防冻药膏，这家人的作坊即使在整个冬天也从不会中断漂洗作业，从而经济收入较他人高出许多。而其它漂洗作坊则因怕冬天水冷致使皮肤冻裂，就大都歇业停工了。

有位擅长学习、博学多才的远方来客听到这则消息，便慕名寻来表示愿意以百两黄金购买药方。这家人经商议认为：我们家世代漂洗丝絮，所有积蓄也不过为百余两金，现只要卖出药方就会有百两金到手，且出卖药方并不会对自己作坊经营产生什么不良影响，岂不是太划算了。于是，一家人一致同意卖出药方。那客人买得药方后，就随即将其呈献给了自己国家的国王，且很有预见地对国王说："若是在严寒冬季发生战争，这种防冻药膏对于士兵们肯定会大有用处的。"

冬天到来，邻国突然发兵进攻本国，于是两国军队在水上展开了轮番搏杀。国王把防冻药膏发给了自己的士兵，因而没有任何士兵出现冻疮，作战时众人勇猛顽强，生龙活虎，大败入侵的敌军。国王为之异常地兴奋，于是便把一大片土地封给了献药方的人。

走向成功的分析 智慧与知识，实际上就像那剂药方一样也是具有价值的，只不过它的价值在不同的场合会有不同的体现。这位远方客人运用自己的智慧，充分挖掘出了这种药方的潜在价值，不但使其发挥出了更大、更重要的作用，同时也让自己因此得到了十分丰厚的回报。你在学习方面是否存在以下现象：在成绩不好的时候，学习兴趣也提不起来，轻视或忽视书本知识，总试图对其回避；你急于寻求个人的成功，但又不善于通过学习来促进，只好甘居他人之后；你也深知学习对成功实践的重要性，但终因不得要领或学而不实、学而不用，不能最大限度将知识转变为自己获取成功的动力，等等。不论属于哪一种，都不是正确的学习态度与方法，若是任其发展必将会严重影响你的成功之路。

走上成功的阶梯　凡是志存高远的人，对知识都有近乎"贪婪"的占有欲，总是千方百计通过各种努力去获取知识，因为在他们心目中"知识就是财富"。在获取知识时，他们都是以刻苦勤奋，永不满足，甚至是"头悬梁，锥刺股"的精神，全身心地投入到知识的海洋中。随着知识的不断积累和丰富，他们也各自走向了成功的彼岸。

你兴许知道犹太人以才学聪敏、精于经营而著称于世。但你是否了解，这一切都是和他们对知识孜孜不倦的追求习惯密不可分的。

在犹太人家庭，每当小孩们稍微懂事时，做父亲的就会翻开《圣经》，滴一点蜂蜜在上面，然后叫小孩去舔这蜂蜜。这种仪式的用意是：书本是甜的。由此可见犹太人对知识的重视程度。

在古代犹太人的墓地里，常常放置着书籍，因为他们认为"夜深人静时，死者会出来看书"。这种做法象征着：即便生命有结束的时候，但是寻求知识的足迹却是永无止境的。

在犹太人家庭中还有个世代相传的传统，这就是书橱必须放置在靠近床头的地方，要是有人将其放在了床尾，就会被认为是对书的不尊敬而遭受众人的谴责。

犹太人从来都不焚烧书籍，即使那是一本诋毁犹太人的书。足可见他们爱书的传统不仅是由来已久，而且是深入人心。

联合国教科文组织 1988 年的一次调查表明，在以犹太人为主的以色列，14 岁以上的以色列人，平均每月均要读一本书；全国的公共图书馆和大学图书馆有近 1000 所，平均每 4500 人就拥有一座图书馆。在仅有 450 万人口的以色列，办有借书证的人就将近 100 万。在人均拥有图书、人均拥有出版社及每年人均读书的比例上，以色列超过任何一个国家，堪称世界之最。

犹太人有条格言是这么说的：为使女儿嫁给学者，即使变卖一切家当也值得；为娶学者的女儿为妻，纵然付出所有的财产也在所不惜。在犹太人社会里，教师被看得甚至比父亲还重要。假如父亲和教师双双入狱，而且仅能救出一人的话，那么孩子们都一定是先去救教师，因为犹太人非常看重和尊重为自己传授知识的教师。

走向成功的分析　犹太人的聪明能干深受世人称道，同样他们的学习精神和学习态度也被世人视为楷模。他们那种"为使女儿嫁给学者，即使变卖一切家当也值得；为娶学者的女儿为妻，纵然付出所有的财产也在所不惜"的追求，与我们当下许多人择婿嫁女时，看重的首要条件是钱财和地位形成鲜明的对比。这之中的是与非，姑且不去妄加评论，但是却可以这样说：只有一个懂得学习、善于学习的民族，才会真正成为强盛不衰的民族，才会有望自立于世界民族之林。那么引申开来看，对于一个家庭或者是个人而言，又何尝不是如此呢？众所周知自然界里没有什么东西比人脑更奇妙，没有什么东西比思维更美好，没有什么东西比知识更宝贵。但是只有通过坚持不懈地学习，才有可能将这三个方面很好地结合起来，从而连续不断地产生和创造出集奇妙、美好及宝贵于一体的成果来。

有兴趣、有目标、有追求的学习，才会真正地将书本上的知识移植到你自己的头脑中来，从而去尽情地享受学习带来的乐趣。

走上成功的阶梯　学习态度固然是重要的，但是学习方法同样也很重要。如果你是采取囫囵吞枣、机械教条、生搬硬套、照猫画虎等不正确的方式，就不会取得好的学习效果，这非但对工作和生活毫无益处，有时反而会闹出令人啼笑皆非的事来。

这天上班不久，老常就在那大声嚷嚷，原来他怎么也拧不开自己水杯的盖子了。

一时间，几个身强力壮的大学实习生热情地跑过来帮忙。但是任凭他们使了多大的劲儿，杯盖儿就是纹丝不动。

于是，大气物理专业毕业的小王开口说："沏茶时水是热的，现在凉了，杯里的气压降低，大气压迫瓶盖，所以就拧不动了。应该用热水浸泡一下，使得杯子的内外气压平衡后就可以拧开了。"

老常点头称是，跑去取来沸水浸泡水杯，但水杯盖儿并不给众人情面，仍然打不开。小王沉默了。

生化专业毕业的小许接着说："依我看，您的这茶杯倒很特别，它极有可能是在高温下与塑料盖发生了化学反应，并因此生成一种类似碳酸钙的坚硬物质。所以最好等水杯已完全变凉之后促使其质地变脆，这样才好拧开盖儿。"

老常又点头称是，众人又去取来了冷水来冰镇水杯，但水杯盖儿还是毫不领情，仍然打不开。小许也沉默了。

材料科学专业毕业的小史继而一本正经道："我想起来了，有些物质在高温下会变性，这种物质是不适合造瓶盖的。老常这个水杯不会是属于劣质产品吧？"

老常这回笑了："怎么可能呢？这是上周我亲自从香港带回来的。好家伙，总共花去我两百多块钱呢！"

就在众人束手无策之时，公司里只有高中学历的保洁员小丽走了过来，她闻讯好奇地拿起水杯仔细打量着。然后，先是用力向左拧了一拧，未见有任何松动的迹象，此时她略微想了一下，又用力地向右拧，结果杯盖儿很快就打开了。众人为之大惊：原来这个水杯破除常规，是向右拧开的。大家你看着我，我看着你，异口同声地说："我们怎么就没有想到呢？"老常更是在一边拍手叫好，并好奇地问小丽是怎么想到的。

小丽则说："当你用钥匙打不开门时，你可以用手推着试试，或许门根本就没锁。关键是要多注意对于生活经验的积累。"

走向成功的分析　小丽的学历知识程度不及那些大学生，但是她对于生活的学习却不一定在那些大学生之下。尽管她不能引用任何专业知识对其进行解释，但是她能跳出生活习惯的局限进行新的尝试，最终把水杯盖儿轻松地打开了。你从中应该领悟：实践学习和书本学习是同等重要的，要善于扩充自己的视野，善于仔细观察与分析，善于进行总结和提高。青年人蓬勃向上、活泼灵动、激情高昂的特点有助于你们去学习和工作，但是如果在某些场合不能对其加以正确利用，并因之导致情绪失控则对学习和工作是无益的。青年人都十分重视自己设定的宏伟奋斗目标，并愿在它的激励下去努力拼搏，如果能深刻地理解和认真地对待学习，那么成功之手就会频频地向你挥动。

走向成功的感悟

人们可以把对科学知识的掌握，比喻为自由展翅在高空的鹰，当你在知识领域上升的高度越高，你的视野就越宽广，当其被应用于生活工作实际后，所产生的效率也会越高。对每个人来说，知识就像一个硕大的宝库，一生都取之不尽、用之不竭。而人们不断获取知识的道路只有一条，那就是学习，学习，再学习，除此之外便再没有其它捷径可循，所以也才会有那些成功者的"生命有限，知识无限，学习无限"的说法和感悟。

你有信仰就年轻，疑惑就年老；有自信就年轻，畏惧就年老；有希望就年轻，绝望就年老；岁月使你肌肤起皱，但是失去了热忱，就损伤了灵魂。

（美）卡耐基

5. 胸怀:海纳百川,有容乃大

胸怀是人心胸城府的深与浅、个人意志包容性的多与少、精神境界的高与低等诸方面最为本质的体现。人的胸怀及内心活动虽然只是一个小世界，但这个小世界里却能够容纳进许许多多的客观事物，真可谓是"胸怀世界，放眼全球"。

走上成功的阶梯 人们常用无私、豁达、宽广、高远等词汇来形容那些胸存大志的人，而用自私、拘泥、狭隘、短浅等词汇来形容那些胸无大志的人。胸怀宽广的人，比普通人站得高看得远，所以多是志向高远者。他们毕生所追求的不是虚荣与名利，而是事业的发展和人生的远大目标。这样一来他们就不会过多地在意和计较眼前的个人得失，而是一门心思地思考着长远的事业发展与人生目标。

自从发现了镭的那一刻起，居里夫人的美名就被广泛流传，迄今虽然已逾百年之久，但是人们还是非常敬仰这位伟人。居里夫人之所以能够成长为一名著名的科学家，除了她在科研领域的辛勤耕耘外，还与她一生保持宽大胸怀的秉性和品格有着密不可分的关系。

居里夫人年轻时不仅学习成绩十分优秀，而且上帝还给了她漂亮的外貌，学校的男生们往往为了能够多看她一眼，都挤在她所在教室外边的走廊里耐心等待着，而居里夫人对于这些不屑一顾。她把自己全部的精力都放在了学习与思考上，在她眼中惟有学习和创造才最富有吸引力。

居里夫人摒弃尘世间的是非恩怨，超凡脱俗，实事求是。她深知自己的目标，更深知自己的价值，一如既往地埋头于工作，对科研事业始终是精修细研毫无懈怠，直到离开人世前，她的人和心仍只属于实验室。在她谢世40年后，她用过的笔记本里仍有射线不停地释放着。

居里夫人一生总共获得10次奖金，16块奖章，107个名誉头衔，特别是曾经两次荣获享誉全球的诺贝尔奖，这些荣誉是她用全部的青春、才能、信念及生命换取的。她完全可以停留在任何一项大奖或任意一个荣誉上尽情享受，但她始终没有这样去做，这是因为那些名利在她眼中轻若鸿毛。居里夫人将所获奖金都无私地赠给了科研事业和战争中的法国，至于那些奖章也基本上成了她小女儿手中的玩具。爱因斯坦曾这样评价居里夫人："在所有世界著名人物当中，玛丽·居里是唯一没被盛名宠坏的人。"

走向成功的分析　居里夫人的远大胸怀和人生实践让人们明白：人有多重才能与价值，是需要进行多方面开发的。人们在现实生活中对于人生价值的感悟与选取固然是不同的，有的人止于形，而华其貌；有的人止于勇，而逞其力；有的人止于心，而据其技；有的人止于理，而善其智。其中具备远大胸怀则是日后可成大事者的共同秉性。胸怀远大者可以恬淡生活，静静思考，执著进取，直至攀至智力高峰，自由驾驭事物发展规律，永葆高远的人生追求。从居里夫人身上你可能已经看到了人的胸怀与人生价值之间的关系，如果你也准备去登攀那样的高峰，那么就应该让自己的胸怀处在那样的高度。

走上成功的阶梯　当你身上落了灰尘，你就脱下衣服来将其甩落干净；同样道理，当你情绪堆上忧愁时，你就打开自己的心扉将其甩落干净。所以胸襟若开阔，烦恼则难扰；排解了烦恼，胸襟必然开阔。

为了安装农舍的水管，农场主雇了个水管工来完成。尽管是第一天开工，但是这位水管工的运气也实在是太糟了：先是因为驾车轮胎爆裂，迟到近一个小时，接着是电钻坏了自然出现误工，还有就是自己那辆老爷车又趴窝了，收工后还得由雇主开车送他回家。

待到了自家门前，水管工便邀请雇主进家坐坐。但是走近家门口时，满脸晦气的水管工并没马上推门进去，而是先沉默片刻，然后伸出双手抚摸着立在门旁的一棵小树，这才去推开家门。待门打开后，水管工立马换成一副笑逐颜开的模样，先是和两个孩子紧紧拥抱，接着又给了妻子一个响亮的亲吻。进到家里，水管工欢喜热情地招待着第一次来家的新朋友。当雇主离开时，水管工出来相送。雇主此刻却再也按捺不住自己的好奇心，急忙问道："刚才你进门前的动作，有什么特别用意吗？"水管工爽快地回答："是的，我在抚摸我的'烦恼树'，在外面工作总会发生磕磕碰碰的事，但我的原则是这些烦恼绝不能带进家门，因为那里有太太和孩子们嘛。所以我就抚摸这棵树，并且把所有烦恼全都挂在了树上。让我奇怪的是第二天我再来到树前时，心中的那些烦恼有大半已不见了踪影。"

走向成功的分析　烦恼人皆有之，但有些人内心确实缺少了"烦恼树"。有人会问：烦恼真的会是件物品，可以随意卸下、存放或扔掉吗？或者说烦恼有时还会和快乐、思念、悔恨、焦虑交织在一起，能单独放得下吗？其实回答这类问题，并不需要多少人生智慧，仅是拿出实事求是的态度即可。你试着想想，若不能把烦恼挂在"烦恼树"上后果会怎样。可以肯定地说，烦恼绝不会因为水管工忧愁和苦闷而有丝毫减弱。如果烦恼始终留在身边，水管工脾气定会暴躁不安，不愿和太太说话，不理会孩子们亲近，家里气氛紧张，随之而来的必是赌气、争吵、失眠，旧的烦恼未消，又生出新的烦恼，岂不是雪上加霜。所以，栽在心中的"烦恼树"，实际上是在提醒你在心烦意乱的状况下，是绝对不可能很好地完成学习及工作的各项任务的。你应保持开阔的胸怀，凡事能拿得起放得下，潇洒超脱、坦坦荡荡地面对自己的人生。

走上成功的阶梯　胸怀宽广的人，并非都是通过一番"惊天地泣鬼神"的事迹来证明自己的。相反，他们常常会在一些平凡细碎的小事小节上，体现出个人宽厚高远、豁达大度、无畏无私的精神境界。

有位才华出众的中年人，正值自己人生巅峰时期，却不幸被检查出患上了某种十分严重的疾病，这就意味着他的美好前程将有可能因此而终止。

于是，他躺在病床上终日打针吃药，开始只是心存遗憾，不时还想想未来该如何奋斗，但随着时间推移，自信和斗志渐渐离他远去，终于有一日，苦闷和绝望完全笼罩了他的心胸。面对突如其来的凶险逆境，承受着世事巨变的沉重压力，他很不情愿地选择了自杀的方式，想以此来结束眼前这种毫无希望的痛苦。

于是在深秋的一个午后，他私自从医院出来，在街上游荡着企图寻找自杀的机会。忽然前方一阵略带沙哑又异常豪迈的歌声吸引了他，他走过去一看，原来是天桥下坐着一位双目失明的老人，只见他正拉着一把破旧的二胡，面对着寥落的过路人动情地自弹自唱着。尤其引人注目的是，盲人的怀中竟然还挂着一面镜子！

中年人趁盲人一曲唱罢时，凑上前非常不解地问道："这镜子是你自己的吗?"

盲人有些得意地回答说:"当然喽,自离家那天起我就一直把它带在身上。你知道吗?我有两件宝,一件是手中这把二胡,另一件就是怀中这面镜子。"

中年人听罢又迫不及待地追问了一句:"说二胡是你的宝物还可以理解,可是这面镜子对于你却毫无意义呀。"

盲人听后神色凝重地说:"我有这缺陷不假,但我内心总希望有一天能出现奇迹,好让我用这面镜子仔细端详自己的脸。正因为内心有了这样的殷切期盼,所以我才一直把它带在身边。"

此刻中年人的心被盲人的话震撼了:一个盲人尚且如此热爱生活,热爱生命,内心世界是这么豁达开朗,而我……

通过和盲人的对话,中年人对人生有了新的感悟,于是非常积极地配合医生治疗,并在病榻上以惊人的毅力完成了一篇重要论文,更为重要的是他找回了正确的生存意念和生存价值。他非常开朗地对医生和护士们说:"你们看,上帝现在正与我玩一场生死游戏,他老人家打算拉我上天堂,而我则偏要与命运赌一把,先去了天堂放胆一歌,然后重返人间去做那些未完成的事情。"

走向成功的分析 外出打算结束生命的中年人,从与盲人邂逅的那一刻起,他让自己的胸怀彻底打开,并将那些有碍他树立自信心的杂念清扫一空。其实他不仅解救了自己,还意外得到了两件弥足珍贵的宝物:一是乐观宽广的胸怀,二是屹立不倒的信念。生死抉择是人生最难过的一道关,想要顺利通过就必须具有非凡的胆略和坚定的信心,而这些特质又都是属于胸怀宽广者。你要让自己的心胸开阔高远，不至于被困难所困惑，就应像盲人照镜子那般顽强坚守信念。即使是在一帆风顺的时候，你身边的环境也绝非就是个理想的真空世界，赞扬的背后也会有反对，肯定的背后也存在着否定，你要是心胸狭隘，目光迟钝，就不可能正确地区分与理解。

走上成功的阶梯　一个人胸怀的大小，往往和个人追求及人生目标紧密联系。在我们的身边，常有诸如凡事不经推敲误解他人，对他人苛刻、对自己放任；经不起功名利禄的诱惑；不能正确对待个人观念和集体观念、眼前利益和长远利益；一事当前总先替自己打算，斤斤计较；嫉妒他人的优点和业绩，总以自己之长比他人之短；事不关己高高挂起等不良现象，凡属此类，心胸都非常狭窄。

有户穷人家，仅母子俩相依为命。孤儿寡母平素里受人欺负自然成为了家常便饭，母子俩十分无助只得强忍，艰难地过着屈辱而又饥寒交迫的日子。

但是，让母亲欣慰的是，自己的儿子非常勤勉好学，他埋头苦读，心怀大志。功夫不负有心人，儿子终于金榜题名，荣任县令之职。当这个天大的喜讯传到家时，这位终日苦熬苦盼的母亲不免激动万分。

此刻，她心绪难平，觉得积郁在胸的苦水可以倾吐干净了，那长期弯弓的腰身也似乎挺直了许多。她还在心里想着：这下可好了，我家终于有了出头之日，我一定要让儿子用手中的权力来狠狠地惩处那些曾经欺负过我们的人！于是，母亲就开始在灶王爷跟前烧香祈祷，并在内心一遍又一遍地数落着一串串"仇人"的名字。不料她一走神，竟然引起大火烧毁了自家的房子。

走向成功的分析 在处理人与人之间的关系时，人们的心胸应尽量开阔些，彼此要坦诚相待，切不要因为鸡毛蒜皮的琐碎小事就心存隔阂，并积时日久促使其上升为某种难于拔除的成见。对于那个喜极生祸的母亲的故事，我们可以从这个角度来看：人一生中常会出现类似故事中平白无故受人欺辱的事，蒙受不白之冤，可能在很长时间内会让你承受较大的心理压力，且难以平抑心绪波动，有的甚至成为终生屈辱。从故事发生的缘由看，人们应该知道人的胸怀与生活皆是有渊源关联的，你具有怎样的胸怀，就意味着你将自己放入什么境地之中，你日后会循行什么样的人生之路，你未来将得到什么样的人生损益。

走向成功的感悟

人的高远胸怀，正是从一点一滴来做起，且由一点一滴来体现的。胸怀宽广的人，因为处处谦虚忍让所以看上去似乎要吃些亏；而胸怀狭隘的人，则因为事事计较所以看上去似乎要占些便宜。其实，前者的吃亏是种福分，并将得到好的回报；而后者的占便宜却是祸端，并将招惹很多麻烦。

俗话说"只有站得高，才能看得远。"这实际就是在品评成功者所具有的那种深远的精神境界和宽广胸怀。而要真正做到无论什么事，都能够以高远志向为出发点，是件非常不容易的事情。因为，这里面包含着节制自我与牺牲自我的含义。

胸襟开阔并不是与生俱来的，而是通过点滴积累，历经磨练，修身养性后才逐步形成的，而且这不仅仅十分有益于他人，同时也十分有益于自身。在面临着人生重大不幸的时刻时，仍然能够替他人着想，能够强忍个人的痛苦，而去关心与抚慰他人的痛苦，这样的人的胸怀就是博大无私的。

责任心就是关心别人，关心整个社会。有了责任心，生活就有了真正的含义和灵魂。这就是考验，是对文明的至诚。它表现在对整体，对个人的关怀。这就是爱，就是主动。

（科威特）穆尼尔·纳素

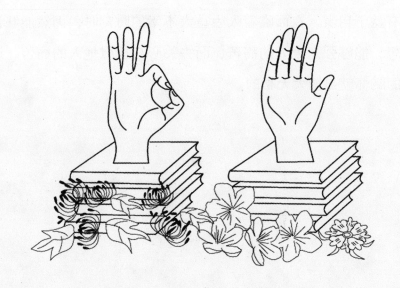

6. 责任：铁肩担道义

责任是指分内应做的事情，应尽的义务，是给予人的一种带有约束性质的契约，要求人们必须在规定的具体范围内尽力承担某种义务，规范地、全力地实现某方面的目标。"责"是指规定、条法、义务与履行权限，"任"是指身体力行、中规中矩、全力实现。

走上成功的阶梯 做事无论是大小多少，都会涉及责任的问题；人无论官位高低，贫富贵贱，只要还在做事也都会涉及责任问题。在现实社会中，每个人的身边都会存在许许多多的责任。

两千多年前，我国有个怪人嗜鱼如命，简直就到了"一日无食鱼，生命将终结"的地步。他就是鲁穆公手下的大臣公仪休。鲁穆公非常倾慕公仪休的为人和才能，所以一直对他倍加信任和重用，并任其为宰相，辅佐自己管理这个国家。

自公仪休官居高位之后，全国各地的许多官员和商贾纷至沓来，为公仪休送来各种各样的鱼。可是公仪休却对其从不正眼相看，并严令府内所有管事人员一律不准接受送来的任何一条鱼。他的弟弟看到从四面八方精选送来的如此多的活蹦乱跳的鱼，都被原封不动地退了回去，感到甚是可惜，就前去问哥哥："你不是最喜欢吃鱼吗？怎么人家好心好意送上门来的鱼，你却连一条也不肯接受，这是何缘故呢？"

公仪休非常严肃地对弟弟说："正因为我非常爱吃鱼，所以我才断然不能接受这些鱼。"

弟弟更不解了，问："那又是为什么呢？"

公仪休很认真地回答道："这是由我现在的职责所决定的。送鱼的人，真正追慕喜欢的其实并非是我公仪休，而是我手中握有的权力。他们今天送鱼给我吃，无非是希望日后我能偏袒提携他们、方便护佑他们，帮着他们去办那些他们想办的事情，这些事情中有些绝非是于国于民有益的。如果我收下了他们送来的鱼，那么今后为官办事就会失去责任心，失去公正，直至失去民心。长此以往，不但会有损于国家，同时也会毁了我自己的名声和前程，一旦我被皇上问罪罢了官，就一定不再会有人白送鱼来给我吃了。"

就这样，公仪休以自己高度的责任心，继续拒收任何人送来的鱼，并且公公正正地理朝办事，想吃鱼了就自己花钱去买几条，明明白白地为官执政，清清白白地做人做事。

走向成功的分析　高度的责任心是实现廉洁行事的基本要素。公仪休吃鱼的嗜好，被那些善于投机钻营、贿赂谋私者作了主攻目标，当一条条鱼被送进公仪休府时，假如他毫无顾忌地接受并享用了，那么随着他家厨房鱼鳞鱼骨堆积成山，他的责任心便会随之丧失殆尽。今天在我们身边，不就有许多"嗜吃鱼者"和"送贿鱼者"吗？有些与古人公仪休相形见绌的当权者，不就是屡屡违背原则，假公济私、腐败堕落，最终走上绝路的吗？坚守责任心，有时也是需要胆魄和勇气的。

走上成功的阶梯　坚守责任心有时也会处于非常不利的境况中，让人左右为难。为了不至于深陷困境难于自拔，可以采用些迂回的策略改善境况，但是绝不可以为了自我解脱而轻易放弃责任心。

有个保存了近300多年的秘密被人发现后，制造这个秘密的人同时受到后人们的极大尊重与赞扬。

300多年前，英国温泽市要修建政府大厅。这一设计任务交付给了一位叫克里斯托·莱伊恩的优秀建筑设计师。莱伊恩具有丰厚的行业知识和经验，接受这个任务后他运用工程力学的知识，依据自己多年的实践感悟，精心地设计了整个大厅的建筑布局，其中最为巧妙的是只用了一根承重柱子，便支撑起了整个大厅的天花板。一年后建筑全部完工，市政府组织权威人士对工程进行验收时，发现整个大厅的天花板仅有一根承重柱，便指出这样做将存在极大的危险性，于是要求建筑设计师莱伊恩考虑再增加几根承重柱。

莱伊恩并不是一个浪漫随意的设计师，他具有严格的职业责任心，事先经过精心计算和周密设计构思，才做出这样的设计结构来。因此，他十分自信只要一根坚固的柱子就足以保证大厅的安全了，结果他的这种"固执"惹恼了市政官员们，还险些被送上法庭。莱伊恩为此感到非常苦恼，左右两难。坚持自己原先的设计主张，那些市政官员肯定会去另找人修改设计；若不再坚持，又有悖于自己的为人准则。在经历了很长一段时间的矛盾后，他终于想到了一条足以从困局中摆脱出来的万全妙计。于是，他按市政官员的要求在大厅里又增加了四根柱子，只不过这些柱子实际都并未真正与大厅天花板接触，只不过是在摆摆样子罢了。

300多年过去了，这个秘密始终没有被人发现。后来，市政府准备修缮大厅的天花板，才发现莱伊恩当年"弄虚作假"的花招。消息一经传出，世界各地的建筑专家和游客都云集于此前来探奇，当地政府对此也不加任何掩饰。在新世纪到来之际，还特意将大厅视为旅游景点对外开放，旨在引导人们来崇尚责任和相信科学。

走向成功的分析　作为一名建筑师，莱伊恩的设计也许不是最出色的。但作为一个人，他则无疑是非常伟大的，这种伟大表现在哪怕是遭遇到最大的阻力，也始终恪守自己的责任和原则不屈服、不让步。对待责任而言，有许多时候、在许多事情上并非是被所有的人都一致认同的，这里有行业间的差距，也有认识上的差距，还有习俗上的差距，更有行为准则上的差距。不论属于哪一种，都会对坚守责任与原则的人形成某种压力，如果退缩就丢失责任心，如果恪守就增进责任心，除此之外别无其他选择。那么，当你在遇到这种压力时，是进得多还是退得多？若选择退，你就应该做好失去宝贵品行和成功机会的心理准备。若选择进，你就应该敢于承受压力，即使是非常孤单的情况下，也别存有退缩的念头，因为等一切都真相大白后，你会发现自己在成功之路上又向前跃进了一大步。

走上成功的阶梯 成功者做事，常比他人更有实际效果，这取决于他们的责任感和高度的敬业精神。他们做每件事，事前总是十分明确自己所承担的责任，事中总是忠诚有效地履行自己的责任，事后总是责无旁贷地检查自己的责任。在成功者看来，责任是一种力量，责任是一种鞭策，责任更是一种自我完善。

有家几代盛传的药商，十分注重自家药品的质量，总是从承担社会责任的高度去看待所有的质量问题。他们常年所坚持的经营信条是：配方不论简繁，从不偷工减料；生产非论难易，定要保证质量。

有次，他们鉴定了一项非常紧急的购药合同，几乎所有的家人和劳工都被动员起来，没日没夜，异常辛苦地干了一段时间，终于提前把这批药赶制了出来。但就在要交付前的再次检查中，他们发现这批药的配伍上出现了一点儿差错。这一下使人进退两难：若是

048

返工重做已经十分困难，可能还会因误期被罚款；如果悉数加以销毁，则由于本次药量较大，所要蒙受的经济损失必将非常巨大。于是，就有人建议到，虽然药的配伍上出了丁点儿差错，但总归不至于影响其正常的使用，不如去向购药方说明实际情况，再适当地降低些药价，如此将问题解决算了。但药店老板却不同意众人的这些意见，最终还是坚持将全部药品集中公开销毁了。

事后他对众人说："我并非是毫不心痛自己所遭受的损失，但在我心中还有比这更为重要的挂念，这就是'配方不论简繁，从不偷工减料；生产非论难易，定要保证质量'的责任和许诺。"

走向成功的分析　现在很多经营者很喜欢做广告，并利用广告技巧吸引消费者的眼球，以达到促进产品销售的目的。于是，为了争得市场份额，他们把自己的产品或是吹得天花乱坠，或是精心设局欺骗民众。反观之，这家药店公开销毁质次药品的行为，难道不是一个最为形象、最有说服力、最富吸引力的广告吗？所以，我们真切地体会到：责任心不是说出来和吹出来的，而是通过真实表率做出来的。

走上成功的阶梯　在遇到越是困难的事情时，责任心就越是显得重要。因为，只有带着高度的责任感处理眼前的事务，才不至于回避困难或推脱责任，才有可能坚持到最后一分钟，使出最后一股劲，做出最大的努力去化解困难，赢得成功。

火车开出后不久，一位孕妇就出现了临产征兆。列车员通过列车广播紧急通知，寻找妇产科医生前来帮助。这时，一位自称妇产科医生的中年妇女闻讯赶来，女列车长赶紧将她带进用床单围成的临时"产房"。很快，毛巾、热水、剪刀等助产用品就已准备到位，大家以异常紧张的心情等待那个关键时刻的到来。可产妇属于难产，所以感觉非常痛苦，随着身躯的不断扭动，不停地大声呻吟着。

那位自称妇产科医生的中年妇女此刻神色显得非常焦急，她将列车长拉到"产房"外，先是说明当前产妇的情况紧急，其次告诉列车长她其实仅是妇产科的护士，且由于医疗事故被医院开除了。而此时这个产妇的情况非常不好，人命关天，她心存余悸，深怕自己没能力处理好，故建议立即下火车送产妇去医院抢救。

此时，列车正行驶在京广线上，距离最近的一个站还要行驶近一个小时。列车长表情郑重，以非常坚定的口气对中年妇女说："虽然你只是名护士，但在这趟列车上你就是医生，你就是专家，我们大家都很信任你！"列车长这番话深深地感染了这位护士，让她顿时感到肩负的责任重大。她努力地稳定了一下自己的情绪，再次返身走进临时"产房"前，只轻声地问了一句："如果万不得已，是保小孩还是保大人？"

列车长还是用那句话作了坚定地回答："我们相信你。"

护士此刻明白了列车长的信任和鼓励，信心坚定地进入了"产房"。随后，列车长轻声地安慰着产妇，说现在正由一名专家给她实施接生手术，请产妇镇定下来好好予以配合。

出乎意料，护士几乎是单独地完成了她有生以来最为成功的接生术，当婴儿那尖利的啼哭在车厢里回荡时，人们终于松了一口气：这哭声宣告了母子二人的平安。

这对母子是幸福的，因为她们遇到了热心肠的人；而这位护士也是幸福的，她不仅挽救了两条生命，而且重新找回了自己的责任心和自尊感。因为责任，因为信任，使她独立完成了一次很难由个人完成的接生工作。

走向成功的分析 　其实责任心，也是可以促使人与环境得以改变的促进剂。乘车邂逅、自身存有缺憾、并非妇产医生、在行进中的火车上接生、孕妇难产、单枪匹马的完成难度较大的接生术等，这些难点并非可以轻易地应对。但是，在列车长的鼓励和激励下，这位曾经的妇产科护士重新焕发与增进了自己的责任心，并成功地破解了自己面前所有的难点问题，终于将一条小生命安全地带到这个世界上来。你也经常会通过完成某一任务而将责任心体现在他人面前，那么不论你是否有才华，或者还存在某些方面的不足，是否曾经出现过失误甚至做过一些错事，只要是他人通过你的责任心而直接受益，他们便会给予你应有的尊重与认可。你本人也会通过责任心不断前进，并逐步向成功迈进。

走向成功的感悟

责任心的内涵就是认真负责。认真即是从实际出发，细致入微地、毫无偏差地、逐条逐步地去做事情；负责即是从规则出发，毫不走样地、严格自律地、忠实恪守地去执行职责。

责任心是每个人所必须具备的职责，因为做任何事情都有其标准，都有其错与对、好与坏、是与非的限定范围。那么达到标准、不突破界限、遵守规矩，就是责任心的具体体现。建立责任心是需要严于律己的，当全局利益与局部利益、集体利益与个人利益发生冲突时，便会对责任心的高低与否做出最好的检验，如果你重前轻后，那就是个责任感很强的表现。

要争取成功，只具有完成一项特定任务所需的技能和装备是不够的。人必须能有效地表达他的人格，以同他人竞争。

（美）弗洛姆

7. 人格：富润屋，德润身

大千世界芸芸众生中，每个人都确立有一种与特定时空相联系的内在表现形式，并由此奠定了自身思想、情操、行为在社会、群体、个人心目中的存在价值和识别标准，从而影响与得到人们给予的认可与尊重。这个特定的表现形式，其实就是人格。

走上成功的阶梯　人格是人们内外形象的至高无上的代表，同时也是神圣不容侵犯的。在人一生的经历中，将会多次遇到人格被他人冲犯的事情，每当经历这种事情，人们都会竭尽全力去维护自己的人格。

大雪压青松，青松挺且直，要知松高洁，待到雪化时。这一首诗是人们对那些具有高尚品格者的形象比喻，称颂他们在任何复杂环境、任何困苦磨难面前，都始终保持着人格的完整与尊严。

有位中国女孩儿在留学外国的第二年，为勤工俭学及多学些东西，便放下架子，去留学当地某个商人家中应聘家务钟点工。尽管她一直是在勤勤恳恳、尽心尽力地为这家人提供服务，但因其家对中国人始终抱有成见之故，对她的工作总是百般挑剔。女孩儿对这家人的故意刁难，始终采取着大度忍让的态度，并一直坚持认真地做好自己分内的工作。

有次，这家人发现家中的钱少了，在没进行任何调查的情况下，就随意诬蔑中国女孩儿偷了钱，并辱骂她是个贼。这次，中国女孩儿没有像以往那样继续保持沉默。因为在她看来，这家人已经无端侮辱和恣意践踏了自己的人格。于是，她向当地法院起诉了这家人。这家人见平素逆来顺受的女孩儿突然像变了副模样似的如此强硬，一下子不知该如何应对才好。而且，他们私下也查明是自己家的人动用了钱。这家商人自知理亏，害怕因官司使得自家声誉受到损伤，便私下托人要求跟中国女孩儿进行私了。他们对中国女孩儿软硬兼施，一方面承诺只要她答应撤诉，就立刻会得到一笔非常可观的钱；另一方面则威胁说，如果她不接受私了，将会遇到很多麻烦，并难以在当地平静地呆下去。但是，中国女孩儿却坚决回绝了这些无耻的威逼利诱，并对他们说："人格是至高无上的，你们想付出再多的钱也难于买到。为了维护我的人格，我将不惜做出任何牺牲。"就这样，经过几轮法庭上的争斗后，这家商人彻底败诉，除了公开向中国女孩儿道歉外，还被处罚对女孩儿给予相应的名誉赔偿。

中国女孩儿以自己人格的力量，战胜了那毫无道理的偏见和不可一世的歧视，并以此赢得了人们的同情和支持，在人们的心目中她就是一个成功者。

走向成功的分析　女孩儿只身远涉重洋留学，身处异境，不仅在情感与心理上要承受较大压力，同时还要承担维护人格与国格的重大责任。若是拿她与那家富商相比较，她在绝大多数方面都是处在弱势的状态。但是她却能够在利诱和威胁面前，以难以抵挡的勇气和难以改变的执着，同那些侮辱与损害自己的卑鄙行径进行不屈的斗争。正是人格的力量给了她尊严和巨大的能量，使那个无端生事的人在与她的较量中彻底败走，使她成功捍卫了自我的人格和尊严。你兴许很注重自身人格的表现，也知道人格对于自己涉世处事的重要意义。但当你也在生活、学习及工作中出现了涉及人格的问题，特别是在遇到那些特殊情况时，一面是物质的强大诱惑，一面是恶习陋俗的强大压力，且这些都将会使你的人格受到损害，甚至是出现变形扭曲，你是不是都能像女孩儿那样，十分珍重自己的人格，执着维护自己的人格呢？如果，你渴望做个成功者，那么就应毫不犹豫地向前迈出坚定的一步。

走上成功的阶梯　高尚人格的表现并非只是对善良与朴实的人所展现，同时也对那些丑陋与邪恶者所展现，虽然这些展现有时并不属于对抗性的，但是其对于丑陋与邪恶的抗击作用却是摧枯拉朽、涤荡千秋的，足以使那些曾经的丑陋者与邪恶者被教育和转化，并毅然走向其反面。

在文革初期有位大学教授，因为某篇学术文章受到错误批判，并被下放到边疆农场去接受所谓的再教育。在这个农场里还有些青年人，他们均是响应号召到边疆的广阔天地经受风雨磨练的。

在年青人中有个姓秦的小伙子，他平素总以为自己根正苗红，从来都十分看不起农场中那些接受再教育的"坏分子"，和有些人一样，他也不时地会想着法子，亲自来整治整治那些"坏分子"。

很不幸的是，教授和小秦竟然被分在同一个小组里，因此教授就经常受到小秦的无端欺辱。比如，在抬土筐时，小秦每次都故意把教授的土筐装地满当当的；在下地锄草时，小秦有意把自己该锄的两陇留给教授，把教授累地满头大汗，他却早早坐在地的那头欣赏自己的"杰作"；在打麦场扬场时，他偏让教授站在下风头，并有意把木铲高高地扬起，飞扬的麦芒和沙粒使得教授满头满脸都是灰尘，半天下来就变成个"土人"；每到吃饭的时候，只要遇有肉蛋之类的菜，他都会不请自便地从教授碗里挑出那些肉蛋去，嘴里还不停地叨叨着："你年纪大了，应该照顾照顾我们年青人对吧？"对于他的这些恶作剧，农场许多人都十分看不过去，有的甚至还在私下咒骂他是流氓加无赖，可是教授对此却始终保持逆来顺受的样子，沉默不语，该干什么总还干什么。

更为有甚的是，小秦还经常当着许多人的面，大声训斥教授是个接受改造的坏分子。每当这时节，教授眼中便会隐现气愤和失望的神色，手指会微微颤抖，很长时间都停不下来。

有次，大家外出劳动遇到了沙尘暴袭击，就用帽子、头巾捂着脸，纷纷跑回农场。就在晚饭清点人数时，才发现小秦和教授仍然没有回来，这时外面风沙十分凶猛，根本就出不去人，再加上天又十分黑暗，大家只是干着急，必须等待着明天天亮及沙尘暴小一点后再去寻找。

其实，当凶猛的沙尘暴刮过来时，教授发现小秦用帽子捂着整个脸，跑向了农场的相反方向，这样做极有可能会迷路。因此，他就跟着冲过去想把小秦拉回来。不料沙尘暴越刮越大，人几乎不能直立起身子，自然行走也十分困难，教授好不容易遇到一段残存土墙，被迫暂停下来躲避风沙。

不知过了多久，天早已黑了下来，风沙似乎减小了一些，教授这才有了饥寒交迫之感，就把手伸进了自己的背包里。这个背包是教授唯一的财产，里面装着几封家信、两本书、一个饭盒和一个水壶。午饭时，教授因为胃痛，还有半个没吃完的馒头留在饭盒里，当他的手摸到饭盒时，迟疑了一会，最后还是将手空着抽了出来，并放在鼻子下面闻了闻手上沾的馒头味，又闭上眼睛坐下来等待。

好不容易挨到天亮，风沙也小多了，教授拣起一截埋在沙中的木棍做拐杖，站起身继续去寻找小秦。中午时分，十分疲惫的教授终于发现前面不远处有个已被沙土掩埋掉大半个身子的人，赶过去一看，正是小秦。原来，小秦因腿部受了伤，加之疲惫、饥饿和恐慌，已经昏睡过去多时。幸亏教授及时赶到，要不然不用多少时辰，他就会被流沙全部掩埋掉。

教授用木棍当工具将小秦挖了出来，然后用颤抖不停的手拿出一直舍不得喝的水壶，给他喂了几口水下去。这时，小秦醒了过来。当他看到自己是躺在教授的怀里，教授手边又有一根粗木棍时，显得十分惊恐和绝望，他心想：自己这下是真的全完了！因为身上已没有一点力气，只好闭上眼睛听天由命，任凭教授随便拿自己出气和报复了，以补偿他平时对教授的刻薄欺辱。

谁知此刻教授却轻声说："小秦，来把这点馒头吃下去，你积攒点力气，我们一起回农场。"小秦睁开眼睛，看见了教授送在自己嘴前的半块馒头以及教授诚挚亲切的目光。此刻，他百感交集，羞愧万分，真恨不能立刻找个地缝钻进去。他拉着教授的手哽咽着说："我真后悔！我真混蛋！不该那样对你，你就狠狠打我一顿吧！"

教授非常开心地说："快不要这样了，你能这样说，我已经很高兴了，过去的就让它过去吧。"

待小秦吃下馒头后，他们两人互相搀扶着慢慢向农场方向走去。不久，就碰上了前来营救的人们。

从这以后，小秦和教授成了忘年之交，小秦总是抢着帮教授干活，无微不至地照顾教授，教授也无私地向小秦传授着自己丰厚的知识，人们望着他俩的身影说："真是不打不成交呀，而且还是忘年之交。""文化大革命"结束后，教授被平反，恢复工作返回学校继续任教；小秦则以出人意料的高分考进一所众人仰慕的名牌大学，入学深造。

是教授用自己高贵的人格感化了小秦，驱赶走了他心中的那份邪恶，把他由恶人变成了新人。

走向成功的分析 小秦在对教授做出邪恶之举时，可能并没有意识到自己的做法是非常没有人性的，是非常可恨的，所以才会一而再、再而三地当众戏弄与侮辱教授。当教授将他从狂风肆虐的沙尘暴中挽救出来时，正是教授那高尚人格的感召力，将他从噩梦中惊醒，并促使他意识到自己的所作所为是丑陋不堪的。当心中的那些邪恶意念被清除后，他就完全变成了另一个人。你有时可能也会在生活、学习及工作中，遇到类似于教授受辱那样的情景。每当这类事情发生时，你应该像老教授那样，不让自己轻易就陷入低俗，找准机会，以自己人格的展现去抗击那些丑陋行为，不论对方是否悔过自新，你只要保持自己人格是无懈可击的就足够了。

走上成功的阶梯 痛恨邪恶行径，是正义人格的表现；但是同情曾经的邪恶者，同样也是人们正义人格的表现。前者出自于具体的针对性，而后者则出自于广泛的人性化。

究竟是把人变成敌人，还是把敌人变成人，这里体现了人们灵魂与人格走向的两种可能性：一种走向天堂，另一种通向地狱。

在人们沉浸于战胜邪恶的德国法西斯的巨大鼓舞与喜悦的那个冬天，在莫斯科大街上出现了这样奇特的情景：近两万名德国战俘排成纵队，由雄赳赳的苏联红军战士持枪押解着向集结地缓慢行进。沿途所有的马路边都挤满了观看的人群，苏军士兵和警察们则持枪警戒在战俘和围观人群之间，以戒备有人以不测之举引起这支特殊队伍的混乱。在围观的人群中大部分是妇女与老人，其实他们当中的每一个人，都是这场战争的直接受害者，他们中有人或者是父亲，或者是丈夫，或者是兄弟姐妹，或者是儿女在战争中被残忍的德军杀害。妇女老人们怀着满腔仇恨，瞪大眼睛朝着大队俘虏即将走来的方向张望着。当俘虏队伍出现时，人们早已把双手紧紧攥成了拳头，人群中开始有些蠢蠢欲动的样子，负责押解的士兵和警察们在竭尽全力阻拦着他们，生怕他们控制不住自己的愤怒情绪，发生袭击俘虏的冲动事件。

这时，人们见到有位上了年纪的妇女，脚上穿着十分破旧的长筒靴，把手搭在一个警察肩上，要求警察允许她走近这些俘虏。当她被获准走到俘虏身边后，便从怀里掏出一个用印花布方巾包裹的东西。有人以为她可能会拿出把刀或剪子之类的硬物，冲着那些俘虏撒撒气。但当包裹全部被打开后，人们定睛一瞧，原来是一块黑面包。她有些不好意思地把这片黑面包塞到了一个看上去已疲惫不堪、两条腿勉强支撑着虚弱身体的俘虏的衣袋里。于是，整个街面上的气氛被改变了。妇女们开始从四面八方拥向俘虏，纷纷把面包、香烟等各种东西塞到这些十分落魄的德军战俘手中。而这些战俘在接受送过来的东西的时候，几乎脸上都带着十分愧疚与忏悔的神色，有些人甚至蹲下身躯抱头痛哭。

在这些妇女们眼中，此刻的这些人已不再是敌人，这些战俘正在复归人性……

当初，正是这些人手持武器，入侵他国土地，肆意屠杀那里无辜的生命，那时候他们是一群失掉人性的恶魔。每一个正直的人都在奋起和这群恶魔进行着殊死的斗争。而今天一旦他们放下了武器，正直善良的人们在自己内心也主动将他们的身份作了转换。这一刻，宽容、尊严、和平、仁爱得到了最广泛、最深刻的体现。人们如果没有无比高尚的人格和人性，也就不会具有那种超越仇恨和敌意的心理力量。

走向成功的分析　当年的这一景象既是十分出人意料，又是感人至深的。面对曾经残暴如魔、禽兽不如的法西斯战俘，人们即使因怒火中烧做出些出格的报复举动，也是情有可原的。但是，这一刻人格的力量极大地放大了人们的善良本性与同情心理。于是，仇恨、愤怒与报复的心境被宽恕、容忍与谅解的心境所包容、所溶解，并将仁爱的人性化推向了极致。你的人格，其实也是在生活、学习及工作中不断成长、不断完善和不断成熟的。你应该记住，人格的高度，往往决定着人生竞争优势的高度，以及日后获取成功的高度。你如能将自己的人格定格于这样的高度，那么你所做的举动，兴许会比当年那位给德国战俘送面包的老年妇女的举动还要具有感召力，并藉此化解掉所有阻拦你走向成功的绊脚石。

走上成功的阶梯　以你完好高尚的人格，去面对所有的人。那么，至少有大多数的人会向你报以由衷的敬佩，并把你作为足可仿效的楷模。

我们可以说，医者惟医术也，同时也可以说，医者惟医道也。这是因为，医术医德是一个医生必须具备的素质，且人格与医术同样完好的医生，终将有可能成为人们心目中所敬仰的名医。海尔曼博士就是这样一位医术高超、医德高尚的名医。

海尔曼博士的诊所，在他所在的那座城市早已远近闻名，几乎没有人不知道海尔曼和他的诊所。

有天深夜，有个外地流窜来的小偷光顾他的诊所。在黑暗中小偷摸索着把现金和几样珍贵药物卷入自己口袋，然后准备逃离。由于黑暗与慌乱，小偷撞倒了室内的一些物品，结果也将自己的腿骨摔折，当即就站立不起来了。这时，海尔曼和助手听到动静从楼上下来，助手见状说："赶紧打电话报警，叫来警察把他带走吧！"但是，海尔曼却在说："哦不，在我诊所里的病人不能就这样出去。"接着，海尔曼在助手的帮助下，把受伤的小偷抬上手术台，连夜为其做了接骨手术，然后打上石膏硼带。直到在诊所里把所有治疗事项做完之后，海尔曼这才将小偷亲手交给了警察。事后，助手有些不解地问："他偷了您的财物，您怎么还如此精心为他进行治疗呢？"海尔曼是这样回答的："救死扶伤，这是每个医生无论在何时，均无可推卸的天职。"

这个小偷自然对海尔曼博士感激得五体投地，在被移交警察前，他曾恳求海尔曼博士说服警察放了他："海尔曼博士，您不愧是上帝的儿子。我愿再次得到您的拯救，也不愿到那阴森的牢里去……"海尔曼博士双手一摊说："先生，对您这样的要求，我这把手术刀就无能为力了。"

又有一天，有位妇女送一位在车祸中受重伤的人来诊所。海尔曼博士见后一愣："啊，怎么会是她？"来人虽已是半老徐娘，但还是这般漂亮动人。原来，这人正是他那被他人夺爱的前妻。在他的眼里，她至今仍然具有不可替代的女人魅力。

只见女人泪流满面地说："亲爱的海尔曼，你现在还恨我吗？为了拯救他的生命，我不得不前来恳求你，因为你是这座城市里唯一能为他做手术的人。"原来，受重伤的人正是她的现任丈夫，就是这个人把她从海尔曼的身边无情地夺去了，当时他们还差点为此进行决斗。她还在喃喃地恳求着："亲爱的海尔曼，我和他都很对不起你，可是今天我们遇难了，但愿你的手术刀不会带着往日的仇恨。"

海尔曼博士心潮起伏，思绪万千，但始终一言未发，随伤者进入了手术室。受伤者一直处在昏迷状态，待进了手术室才清醒过来，见到海尔曼博士站在手术床边，不由得大吃一惊，连忙挣扎着试图起身。

海尔曼博士严厉地说："老实躺好，这是上帝的安排。你是我永远难以宽恕的情敌，但现在你又是我必须全力去抢救的患者。"

一个修补颅骨的手术，让海尔曼博士足足站了10个多小时，手术一结束就晕倒在了手术台旁。当受伤者伤愈后，他们夫妻俩在海尔曼面前惭愧地说："如果您不嫌弃，我们愿意献出余生来服侍您。"

海尔曼博士则说："医生在他的岗位上记起的只是他的天职，而忘却的是任何个人的恩怨。"

这年，德国发动第二次世界大战，占领了这座城市。一个盖世太保头目被当地反抗者开枪打中胸部。随军医生没人能给他做这样大的手术，便将他化装后送到海尔曼博士的诊所。海尔曼博士一眼就认出这个最为凶残的德国刑警队警官，在这个城市里不知有多少人丧生在这个人的枪口下。他心中猛然一震，暗自喟叹，这也许是上帝的旨意啊！海尔曼博士支开了所有的助手和医护人员，他洗手，洁脸，重新穿上只有去教堂才穿的那套精制西服，罩上一件最新的白外套。然后，拿起那把最大的手术刀，剖开那个盖世太保的胸膛。他并没有去寻找子弹，而是将手术刀直接插在这个人的心脏上⋯⋯

在受审时，德国人说："你的行为，已经玷污了你的手术刀。"

海尔曼博士则回答："绝对没有，因为它真正是用得其所。"

德国人又指责道："你忘记了什么是医生的天职吗？"

海尔曼博士一字一顿，字字千钧地说："根本没有，此时此刻反抗法西斯就是最高的天职！"

海尔曼博士牺牲后，这座城市里到处都出现了写着"天职"两个大字的张贴标语，其实此刻根本就毋庸多加其他文字，它本身已经成为具有巨大号召力量的、反抗法西斯的醒目斗争口号。

走向成功的分析 海尔曼博士把天职的意念和责任，毫无保留地全部融进自己的人格中，并以此来面对自己身边的每位患者。他对小偷、情敌及敌寇，采取了不同的对待方式，表现得那么恪守职责、爱憎分明、同仇敌忾，他把自己的高尚人格全部从手术刀下鲜明地体现了出来。医生的高度责任感，让他具备了大度的仁慈胸怀；对侵略者的刻骨仇恨，让他具备了无所畏惧的仇敌情绪，所以他既是个尽职尽责的医生，又是个无畏献身的战士。结合这个故事，你可以从自己身边曾经发生过的事情中感悟一下，不要让自己的人格与人品陷落于低俗和丑陋的境地。如若这样，成功的机会自然不会离你太远。

走向成功的感悟

人格既代表着一种威严，也展示着一种力量。这般威严足以慑服邪恶，这力量足以战胜邪恶。人格的表现力，是通过人的言行举止来反映的。

只有高尚的行为，才能够形成高尚的人格，这就是说你必须随时与不良行为划清界限，并以自己良好的品行与之进行对抗，方可具备与维持高尚的人格。

你要随时随地记取，人格是不容他人随意侵犯的，对不良行为的侵犯必须给予抵制，依靠人格的力量有理有力地战胜所有的邪恶。当你以完好高尚的人格面对所有人与事的时候，同类的信任支持以及不同类的排斥打击就都一目了然了。

我们不必羡慕他人的才能，也无须悲叹自己的平庸；各人都有他的个性魅力。最重要的，就是认识自己的个性，而加以发展。

（日）松下幸之助

天高任鸟飞

海阔凭鱼跃

8. 性格：习惯形成性格，性格决定命运

性格体现了人在态度和行为方面稳定的心理特征，是个性的重要组成元素。凡人都具有丰富的情感，这种情感包含着人的七情六欲、喜怒哀乐，它们源于生活，源于社会实践，而性格正是人们情感色彩的浓缩和集中体现，并日积月累、潜移默化地发生着变化，逐步形成人的意志和品行，并将伴随人的一生。

走上成功的阶梯 人的性格的形成既受生理方面主观因素的影响，也受社会环境客观因素的影响。性格一旦形成，一般很难发生根本性的改变，只能因势利导。正所谓：江山易改，本性难移。

20世纪70年代，某地区曾经发生一起轰动全国的诈骗案，一时间成为街头巷尾的热门话题。不少新闻界的有识之士都想借此进行深度分析或挖掘新的创作题材。这其中，有位剧作家率先进入，在和几位同行商议中，就拟好了反映这个题材的剧本创作提纲。当他们将其交与上级审查批准时，听说有关部门为之大怒，称其是不打招呼的随意之举，于是诸君们便舍弃了继续创作的念头。可是，在他们中却有位性情刚直不阿的作家偏就不买此帐，偏不信邪，非要坚持人弃我进，硬是顶风和两位合作者把反映这个题材的剧本写了出来。

结果剧本上演后，自然在演艺界及社会上掀起一场轩然大波，以至于文化管理部门不得不召开全国性会议，专门对其进行是非裁定。当时，尽管面临着巨大的压力，还被扣上了不少的高帽子，但这位作家始终没有屈服，强硬地坚持己见，并且据理力争。十年过去了，那段曲直是非终于被予以澄清，于是当年强加在这位作家身上的那些莫须有的罪名便都不复存在、彻底平反了。

还有一次，时逢文艺社团改选主席，而且候选人名单只有一人，此人是早已被内部拟定好的。为顺利通过选举，组织者特意请来上级领导压阵。当时众多委员对此压制民主、专横跋扈之举敢怒而不敢言，又因惧怕日后由此沾染麻烦，大都不情愿地采取屈从的态度。而这位作家却不肯随大流屈服于高压，在选举时充当出头鸟，以冒天下之大不韪的态度维护了民主之风，对那个未经充分酝酿的候选人名单提出反对意见，并反映了众人对此的真实看法。结果，当他那石破惊天的话音刚止住，现场四周便长久地响起掌声。面对这理解与鼓励的掌声，这位不轻易掉泪的硬汉子头一次感动得热泪盈眶。

他的性格帮助他又一次完成了彪炳正义的举动。

走向成功的分析 刚直不阿、宁折不弯，这是这位作家性格的表现。他之所以能够和那些不良行为进行不屈不挠的争斗，完全在于他敢于坚持真理和弘扬正义。即使处在十分孤立与非常被动的环境中，他也坚信自己的所作所为是非常正确的；即使自身暂时经受委屈和打击，但他仍坚信真理和正义最终必定会战胜伪善与邪恶。他的这种性格，恰如勇士手中的利剑，锋芒所指，所向披靡。其实，类似作家遇到的这般情形，在你的生活、学习和工作中也会经常见到。如果你是在强硬地坚守着某种正义的东西，那么不论对方貌似多么强大，在你胸中那股弘扬正义的信念是不会轻易动摇的，你的性格将会促使你如同作家那样不屈服、不让步、不回头地把正义坚持到底。

走上成功的阶梯 人的性格没有好与坏的区分，只是因人因事而异。例如，有人生性固执，爱钻牛角尖，只认死理；有人生性活泼，头脑灵活，反应机敏。对于营销、公共关系等对外交往偏多的工作，前者性格一般不适应，而后者性格则非常适合；对于财会、库房管理、审计等原则性、责任性较强的工作，后者性格一般不太适应，而前者性格则比较适应；在学习方面，前者在专业上却能比他人钻研得更深，而后者的知识获取一般较为广泛。

在一场雷雨疾风过后，那些生来秉性倔强的花草树木，仍纷纷地摇曳着婀娜多姿的身躯，显露着百般的妩媚娇美。而公司高层机构的变动，从某种意义上看无异于一场疾风暴雨，会在公司上下产生不小的波澜与震动，直到人们看到最终结果后才会安稳下来恢复平静。

有家全球著名的公司的董事长，经过几十年的努力打拼和精心管理，使得自己的公司从异常激烈的竞争中崛起，统领着数十万员工，以年销售额15亿美元的丰厚业绩及如日中天的发展态势走进跨国大公司的行列。然而此际，他已濒临退休的年龄。为能保持公司继续以好的态势发展，他紧锣密鼓地开始着手挑选自己的继承人。这个消息自然不胫而走，并引起公司中几个重量级后起之秀的极度不安和反复揣测，因为他们不知幸运之神将会光顾其中哪一位。

米奇先生就是这其中的一位佼佼者，目前他已身居营销方面的执行官，并且有着近20年的不俗职业生涯及非凡奋斗经历，他距离公司权力塔尖也就几步之遥。这天，董事长请米奇先生去他的办公室，然后关上门与他进行了一次被人们视为测试的重要谈话。

董事长以深邃的眼光打量着米奇先生，然后稳定缓慢地问道："米奇先生，假如我与您外出同在一架商务飞机上，但不幸的消息传来，飞机将要坠毁。那么您认为，谁将应该成为我的下一任？"

米奇先生听后几乎未加思考，马上就坚决而执着地推荐了自己。他用十分自信的口气说道："假设我有幸在坠机后死里逃生，并由废墟中爬出，我将无可争辩地成为公司下一任掌舵者。"

董事长显然并未被米奇先生的这种执着所打动，他接着说道："亲爱的米奇先生，这是不可能的。我和您同乘一架飞机，生死与共，要么同生要么同死，除此之外别无选择。那么现在您认为，谁应该成为我的下一任呢？"

米奇先生听后仍然非常坚决而固执地说道："亲爱的董事长，十分对不起，我对自己是最合适人选早已充满信心，以至于现在除了自己外，实在很难向您提供任何一个他人的选择。"

董事长这时无情地打断米奇先生的话："等等，请您等等，我向您已经说得再清楚不过了，你已经跟我一起完蛋了，那么谁应该成为我的下一任？"

米奇先生这时的表情非常无奈，沉默半晌未见开口。但是，通过他双拳紧紧攥住不松这一迹象，足可表明他仍然在固执地坚持着自己的主见。仅是在董事长那严厉眼神的逼迫下，他最后不得不这样说："实在对不起，我除了希望这类坠机事件根本不会发生外，对其他的选择没有任何变化。"

于是，这次"飞机面试"的重要谈话就结束了。

半年之后，董事长的"飞机面试"考察再次进行。米奇先生仍然面临着飞机坠毁后的选择，不过这次董事长却这样对他说："米奇先生，这回是假设我死但你还活着。那么，谁应该成为我的下一任？"

米奇先生依然如故，毫不犹豫地就坚决地推荐了自己："如果这样的话，情况要好得多，接替您下一任的当然是我！"

在这种非常特别的面试过程中，董事长的用心和米奇先生的性格都得以充分的表露，没有丝毫的娇柔做作、扭曲掩饰。

　　董事长在选择接班人上这般深思熟虑的试金石，终于点到了一块闪光的真金：那就是具备执着自信性格的米奇先生。

　　走向成功的分析　如果一个人对自身都不能信任的话，那么谁还敢对他委以重任呢？尤其是把一个有着数十万员工、年销售额15亿美元的大公司领导人的位置交给他！作为高层领军人物，他必须具有独特的性格与气质魅力，必须具有在惊涛骇浪中敢于负责的精神，必须具有情况万变中镇定自若的品性。你从米奇身上是否能感觉到，在当今竞争时代的环境中，坚定自信的性格是获取成功必不可缺的重要条件。你如果不具备米奇这样的性格也不必妄自哀叹，因为性格也是可以逐步培养的。在这里你应该学会并做到三点：一是要努力扩展自己的才华和实力，因为人只有处在竞争优势地位时才会有足够的底气；二是要提升调整心态的能力，使得自身在任何情况下都能较好地保持稳定的心态；三是要敢于相信自我，建立牢固的自信心，不论外界环境如何变化，都能够始终对自己存有良好的自信心。若是能做到这三点，你和米奇之间的距离就更接近了。

　　走上成功的阶梯　性格可以助人，性格也可以误人，关键是看如何去把握。三国战将张飞，就是位性格十分突出的人物。依仗这种性格，他只身单骑，手持丈八长矛独守桥头，竟然吓退众多的追兵；还是由于这种性格，使得他草莽从事，激反了手下的兵将而丢掉了自己的性命。

几位军界的好友好不容易聚在一起，于是就这些年的经历与所见所闻，各自抒发着自己或长吁短叹或英雄气概的论说，好不热闹。

其中，有位当年被认为性格最适宜当兵的汪军，在大家的一再起哄下，便开口说出了自己的亲历感受："大家认为我的性格最适宜当兵，这么多年走过来回头看，我的这种性格虽然让我尝到不少的甜头，但也确实吃了不少的苦头。所以我以为，在任何时候你都必须给性格安装导向轮，因为如果导向出现偏离，那你就会因此而吃尽苦头。"

为了证实自己的这种高论，汪军还特意给大家讲述了发生在自己身上的两件往事。

初到部队时，我由于争强好胜、不肯服输的性格，很快就在连队中崭露头角。我平时在训练科目中总是争先不让，别人做10遍，我就做20遍；别人练1个小时，我就练2个小时；别人达到良好，我就一定要达到优秀。尽管这样做，我的手、胳膊、腿及脚多处被磨烂和挫伤，晚上躺在床板上腰腿疼得不听使唤，翻身都感到十分困难，但我还是依然故我地坚持了下去。结果，每回连、营甚至团的军训总结大会上，在受表彰的人员中都有我的名字，我也因此成为连队的骨干，进步明显要比他人快许多。我十分清楚，这一切都是性格助我一臂之力的结果。

那时，部队刚开始进行冬季野外拉练训练。我所在的炮兵部队也按训练大纲要求，进行野外徒步拉练。随部队一路走下来，许多同伴脚上打满血泡，疲惫不堪，体力已到了难于支撑的地步。可是就在这时，营里接到团部通知，要求各营进行连夜强行军训练科目。

于是，晚上 7：00 部队开始出发，前半夜虽然有个别掉队落后的，但大多数人都咬紧牙关坚持下来。当挨到凌晨四点左右时，部队向前的行进速度显然缓慢下来，这时掉队的人逐渐多了起来，我能看见路边排洪沟里靠立着不少疲惫不堪的士兵。此刻，我自己的双腿也像灌了铅似的，每向前迈进一步都要付出很大的努力。部队首长为了不至于造成战士们的伤病，所以通知实在走不动者可以乘坐收容车，因为此时距离目的地还有 15 千米。连里不少的人都上了车，我却一直坚持走完最后的路程。可后来总结时，我在发言中对那些乘车的战友们横加指责，认为他们的行为破坏了连队荣誉。结果，我的言行竟然引发了众怒，有很长一段时间成为了孤家寡人，尝够了离群索居的痛苦与烦恼，情绪也因此一度非常消极与低沉，还影响到了一次十分重要的进步机会。我十分清楚，这一切都是因为在自身性格误导下做出了错事的结果。

大家听完汪军的故事后，对他那给性格"安装导向轮"的论点均有了进一步的切实体会。

走向成功的分析　在汪军的成长过程中，他那适宜于当兵的性格既给了他有益的帮助，也给他带来了某些失误。这说明性格必须要与身边的实际事物相符合，也就是说要给性格"安装导向轮"。若是一切都以自我为中心，一切都由着自己的性情来，那么一定会出现偏差和导致错误。你对自己的性格了解吗？是否觉得也应该给其"安装导向轮"？其实把握与控制性格并非易事，因为有时对于性格之举的失误，很难及时并恰如其分地做出选择，且也常会出现事先酣畅痛快，事后却后悔莫及的现象。所以，每当面临事物变化时，你要事先控制好自己的情绪和心态，争取能多角度地观察与分析事物，力戒凡事仅从个人观念出发的不良习惯。那种单凭义气行事，喜爱独我为王，奉行我行我素的行为，都是不利于个人健康成长的，必须加以克服和自我完善。

走上成功的阶梯　成功者的性格也具有两面性，只是比常人更加彰显其柔韧性和互补性，在性格的表现上也比常人更加成熟。他们能把自身性格好的一面，恰到好处地融入实际工作中，充分发挥其对工作的良好影响力；同时他们也能把性格不好的一面，通过自我克制和自我调整加以改善，把它们对工作的不良影响减少到最低限度。能够把握住自我性格的人，才更加有希望走向成功。

有位少年在童年时期便不幸丧失了双亲，只能靠与他相依为命的哥哥沿街演奏歌曲赚取微薄收入来维持生计，因此日子过得十分贫寒清苦。然而这种艰苦的环境，却造就了他不低头、不退却的倔强性格。

也是受到哥哥的影响，他对音乐产生了异常的热爱之情，这种对艺术的渴望追求促使他毅然离家外出，前往音乐之都去寻找名师学艺。一路上他风尘仆仆，饿了便吃口干粮，渴了就近喝些泉水，累了就钻进农家马厩或草垛里睡一觉，在历尽千辛万苦后，总算走到了目的地。

当他去登门求艺时，才发现当地音乐教师的授课收费非常昂贵，他原本就囊中羞涩根本无力支付，如此一来求学的大门便对他紧紧地关闭了。但他凭借自己不屈的性格，坚定不移地坚守着对音乐强烈的追求，从未有过丝毫的放弃念头。为了凑够高昂的学费，他边做小工，边继续忍受着种种嘲笑与讥讽，跑遍了这座城市几乎所有的音乐课堂去求教，最后终于得到一位老师的认可，以较低的费用收他做了学生。

在教课中老师发现，眼前这孩子的音乐天分的确很高，于是就建议他去另一处更好的学府求学，因为只有那里才能给他真正系统的音乐训练，以利他有日能脱颖而出展示才华。于是，少年谢过老师的指教，再次踏上求学的旅途，忍饥挨饿历经万般劫难之后，他终于找到了那所音乐学府，经过一番苦苦哀求，他终于感动了校长，被获准在校旁听。他对于这个结果已非常满足，欣喜若狂，并以加倍的热情投入到学习中。天赋与勤奋，再加上他坚毅不屈的性格，使得他很快就从众多学生中脱颖而出。

学业结束回乡后，他渐渐不满足手头简单的几套练习曲，便请求哥哥将其保存的许多著名作曲家的曲谱拿给他演奏。但是哥哥却语重心长地对他说："这些曲子我演奏了十几年还觉得很吃力，你别以为出去学了几天就可以了，还是踏踏实实地练习那些练习曲吧！"

他听了哥哥的话后并不死心，趁哥哥每晚出去演出时，偷着拿出哥哥珍藏的乐谱，仔细地将其全部抄下来。因为家里穷点不起灯，他就在月明星朗的晚上，趴在屋顶上在月光下抄写。那些美妙绝伦的曲谱常常使他沉醉其中，此时他的心灵似乎插上了翅膀，在浩瀚的音乐天地中任意翱翔。

有个夜晚哥哥结束演出临近家门时，听到家中传出优美而哀婉的旋律，这般美妙无比的音乐在夜色中飘荡回旋着，表现得如泣如诉，既有对世事坎坷的感叹，又有对遭遇挫折的伤悲，更有对美好的追求和对未来的无限渴望。哥哥在月光下倾听着，不知不觉被深深感染，两串热泪由眼角悄然倾下。其实使哥哥深深感动的，还是弟弟在追求音乐中的那种不屈不挠、殚精竭虑的意志。

后来，这位少年终于实现自己的宿愿，将心中的美梦变成了辉煌的现实，他就是近代音乐奏鸣曲的奠基者巴赫。他正是凭借自身永不屈服的坚毅性格，创造了自我走向巨大成功的机会。

走向成功的分析　环境可以造就人的性格，而人的性格亦可以征服恶劣的环境。音乐家巴赫的成长过程，不就很好地印证了这一点吗？他虽然出身贫寒，但是正是这种贫寒促使他养成了不屈不挠的性格，在这种性格的驱使下他不畏艰难、不惧困境、不辞辛劳，终于稳步地攀上音乐的高峰，成为当代的顶级音乐家。人生的境遇大多不可随意挑选，尤其是家庭出身及生活境况。你的生存境况比巴赫好坏与否，其实无关紧要，重要的是你是否能够因此造就自身的独特性格，并以此来向成功之途的种种困难进行挑战。你应该在内心不断地激励自己：勇敢些，再勇敢些，巴赫所能做到的，我也照样可以做到。

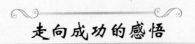

走向成功的感悟

性格是一个人在对现实的稳定的态度和已经形成习惯的行为方

式中表现出来的人格特征，它主要体现在对自己、对别人、对事物的态度和所采取的言行上，表现一个人对现实和周围世界的态度，反映了人的品德，受人的价值观、人生观、世界观的影响。性格的形成有先天的因素，但主要是在后天社会环境中形成的。要拥有良好的性格，就需要在生活的各个方面注意学习与提高。

对于浪费的人，金钱是圆的；可是对于节俭的人，金钱是扁的，是可以一块块堆积起来的。

（法）巴尔扎克

9. 勤俭：成由勤俭败由奢

勤俭意为勤勉与节俭。人们的生活有穷富之分，而穷富无非是指所拥有财富的多寡。勤可以使人们得到更多的财富，俭可以使业已得到的财富不轻易流失。

走上成功的阶梯 古今之人的生活经验一再告诉人们：勤俭为本，勤俭是宝，勤俭乃仓。又曰：保本，赚金，满仓，则全在于勤俭之性，勤俭之策，勤俭之举。

有位女青年，在公司工作一年多后，因故转到别家公司去就职。

又是一年过后，在某次大型聚会中我们偶然相遇。她比一年前更显成熟，心情也更加轻松愉快。在简单互致问候之后，我得知她现在已是公司最年轻的部门主管，并深得领导的信任和重用，事业和前途都展现出一派美好的景象。

在交谈中，她带着诚恳的神情连连向我道谢："钱总，谢谢您！如果不是在贵公司得到了那般严格的锻炼和培养，就不可能有我的今天。"尽管我对她的工作能力多少还是有些了解的，但眼下仍吃不透她所指的是哪个方面。我于是问道："你能取得这样的成功，我真的为你感到高兴。你能跟我谈谈一年多来你具体的发展和收获吗？"

她非常爽快地答应了我的要求，滔滔不绝地讲了起来："我进入到这家公司后不久，就发现他们在有些地方与咱们公司有很大的不同：这里缺少勤俭办事的原则和精神，因为公司实力较强且发展势头很旺，所以员工们无意中形成一种讲究排场、铺张浪费的不良习惯。"

说到这里，她脸上微露出轻蔑的表情，然后接着说："比如在咱们公司，大家办公用的各种稿纸，都是在正面用完之后，反过来接着用，从不随意地丢弃；而这家公司不但没有这种习惯，许多时候还把只写了半页甚至几行字的纸就丢掉了。另外，对其它办公用品的使用和管理也十分混乱和浪费。对此，我实在看不下去，就给老板写了个报告，阐述了我对公司当前浪费现象的意见，并根据在咱们公司所学到的一些做法，提出了如何加以改进的建议。待报告交出后，我把此事告诉了同宿舍的一个女友，她大为吃惊地跟我说，你怎么敢对老板指手划脚，虽然是好心，但这毕竟是在太岁头上动土呀，难道你不想在这干了吗？"

说到此处，女青年略微停顿了一下，又继续说道："过了不久我就接到通知，老板点名让我去他办公室。说实话，当时我心里真的没底，很是害怕。谁知老板非但没有训斥我，反倒对我的做法大加称赞，他说我给他提了一个非常好的意见，看来公司在这方面的确是存在一些问题。并且，他还要求我针对这些问题制订相关规定与实施细则，在公司内提倡勤俭办事的风气，精打细算，把钱用在最需要的地方。就这样，不久后我被提升为部门主管，年终还得到了公司给予的大奖。公司由于执行了勤俭办事的规章制度，经营成本较上年度有了较大幅度的下降，公司盈利也进一步得到提升。"

转眼就要到分手的时间了，她好像仍然意未言尽，并再次向我致谢，感谢我们公司促使她养成勤俭节约的良好习惯，给予她一种可以在竞争中获取优势地位的能力。

走向成功的分析　勤俭节约不仅是一种美德，也是一种经营能力。这个女职员在原先单位所养成的勤俭的好习惯，得以在新单位继续发挥，因此还受到公司的提拔和奖励，看来勤俭也是助人成功的一个必要条件。有人以为当生活不景气、日子过得很贫寒时，才需要勤俭之举，其实这是一种极端错误的观念。在中国历史上有很多王朝的败落，并非是因为贫寒不已，而恰恰起因于骄奢淫逸、荒诞挥霍。特别是当今人们生活水平得以极大提高，勤俭之德便被逐渐忽视或遗忘了，有时甚至还会成为所谓的"代沟"。我们需要自省一番，逐步学会通过勤俭来经营自己的人生。

走上成功的阶梯　很多有钱人具有良好的节约习惯。但是，不幸的是他们的这种习惯有时在他人眼中却被误解为吝啬，这是他们手中的钱太多的缘故。

勤俭节约无疑是一种良好习惯，但是由于其主张要过紧日子和珍惜钱财，很容易被人认为是小气或吝啬，有时甚至被人们加以责怪。

令人难以置信的是，电脑奇才比尔·盖茨先生虽然早已跻身世界富豪榜之首，但却时常表露出小气的举止，有时甚至为了计较几美元的得失，做出让人意想不到的举动。

有次，盖茨先生和一位老朋友前往希尔顿饭店出席会议。由于某些原因，他们比预定的开会时间迟到了几分钟，转了几个圈，都找不到合适的停车位。盖茨先生的老友于是建议："我们何不将车停在饭店为贵宾专门预备的停车位上？"但盖茨先生连考虑都没考虑，张口就说："噢不行，这可要花费12美元，这对于我们来说可不是个好价钱。"

老友听盖茨先生这样说，简直有些不相信自己的耳朵，但迫于情急就还是坚持说："那么，你来停车，我来付钱。"

谁知盖茨先生却依然固执地说道："噢不行，这可不是个好主意，他们这是在乱收费。"

后来，这位老友只得和"小气"的盖茨又花费了很长时间，才将车停在普通停车位上。

但是通过这件事，老友并没有认为比尔·盖茨先生吝啬。因为他知道，盖茨先生曾十分大方地将他名下的财富，不断地投向有意义的事业中去。他曾一次就向华盛顿州立大学捐赠了 1200 万美元，还捐助给弗雷·哈特金森癌症研究中心 100 万美元用于科研攻关。

同时，全球的人都得知比尔·盖茨先生曾宣称：当他进入老年退休的时光后，将会把自己所有财产全部捐献给社会。

走向成功的分析　盖茨先生的节约之举在提示人们，既不要扮演挥金如土的奢侈者，也不要充当拜金主义式的钱奴。钱应该怎么花与是否为亿万富翁没有任何关系。该花钱的地方就应舍得去花，该节省钱的地方就应注意节省，这才是正确的聚财和理财之道。你虽然比不得亿万富翁那样有钱，但是勤俭的美德却不可随意丢失。当你真正体会到"不当家，不知油盐柴米贵"的古训的真正含义后，你就会对节俭行为刮目相看了。

走上成功的阶梯　人们总乐意把身居高职却保持勤俭美德的人誉为清官或好官，这是为什么呢？因为，他们的行为非但没有丝毫侵犯民众利益，反倒为民众树立起了足可彪炳千秋的光辉典范。

读书为晋官，升职求高薪，这是由古至今所有人心中的祈望。当有人有幸实现了这份夙愿后，便开始讲究吃喝排场、香车豪宅、挥霍浪费，变得奢侈起来。但是，曾国藩却与此大不相同，不论其身份和官职如何变化，那种一贯勤俭的本色却始终没有丝毫改变。

曾国藩在 30 岁左右时就已是官居二品的当朝大员了，相当于今天正部级的高级干部，其身份可谓非常显赫。

但曾国藩却始终如一地保持着勤勉奉公、廉洁自律的正气与美德。这并非是他有意排斥钱财，而是他认定只要为官廉洁，则会立身清正；只要做事勤勉，则会事无疏漏；只要清正而无疏漏，则会使自身立于不败之地，任凭朝野风云变幻，也可以稳如泰山。

曾国藩终生以勤俭自守为本，且不仅是自己身体力行，还时常教育诸位兄弟及子女也要如此行事。他每日吃饭亦是十分简单，多是以单荤众素为主，只有贵客临门时才会略增荤味。他穿的衣服也十分简朴，布袍加布鞋袜亦多系夫人及妾侍亲手缝制。他认为：居家之道，惟崇俭方可保持长久，处于乱世尤应以戒奢侈为要义，衣服不宜多制，尤其不宜太炫耀和过于华富。

曾国藩30岁时曾缝制一套缎质马褂，但也只是在过年过节及重大喜庆日子才穿，并随身携带30余年不曾再另行缝制。其实，别说是缎质马褂，就是穿戴锦织金缕，对于他这样的人物来说，也是不为过的。

曾国藩长女出嫁时，所陪嫁的费用不超过200两白银，打这之后遂成家中的定制，直至出嫁到四女时，所陪嫁的费用仍没有增加毫厘。要知道他可是当时的超级大户呀，即使是10车嫁妆也不为多。

直到晚年，曾国藩的勤俭自律也从未放宽。有次，他对家人自责道："平时我总是拿'俭'来教导你们，但近来我觉得自己饮食起居还是有些特殊，有失于勤俭。"还有一次，他对一处新房过于讲求装饰而惴惴不安，就批评办事的家人："我让你们盖3间房，本是为了遮日挡雨之用，不料你们使用工料过于坚固，房檐也过于深进，这样就必定要花费更多的钱。实际遮日挡雨之用，根本就犯不上如此奢侈，天地也不会因为你的住房豪华就不再刮风下雨，你们这样做实在让我内心不安。我好以'俭'字示人，而自己家却不能从俭，实在羞愧不已。"

有段时间，曾国藩因病休息了较长的时间，按理说这是人之常情，也是养病所必须的，但他却因此惶惑不安，对家人说："我在家闲居三四个月了，每日除了吃喝，其它什么事也没干，于居家之道，大有所悖，惭愧无比！要知道，人而不勤俭，则可能万事俱废，是家庭走向衰落的表现。"于是，他不顾家人与医师的一再劝告，硬是拖着虚弱的身子，又开始操劳朝政大事了。

曾国藩这种勤俭的美德与境界，是一般人可望而不可及的。

走向成功的分析 曾国藩作为清代朝廷重臣，本应显赫其时富足一方，但他却以勤俭美德为治家之道，并没有随意铺张与放纵奢侈。如果当时的所有官员都如同他那样勤俭，那么清朝大业也许将长久兴盛呢！你作为80后、90后的青年一代，在论及勤俭时不怎么感兴趣。其实，你只要用心观察，就不难发现厉行节约对许多事情大有益处，所以勤俭之风仍然是应该着力提倡和奉行的美德。

走上成功的阶梯 钱可以形成奢侈，可以勾起欲望，可以导致疯狂，但唯独不能净化人的心灵，不能拯救堕落腐朽的生命。

和往常一样，有个富翁的女佣带着这家人十分宠幸的狗去草地上散步。突然天降瓢泼大雨，女佣因为急着躲雨而不慎将狗给搞丢了。于是，这家人除了将女佣解聘外，还立刻在电视台发布了一则寻找宠物狗的启事，将狗的照片一并登出，并同时承诺如有捡到归还者，将愿意付出酬谢金 1 万元。

　　自寻狗启事登出后，前来送狗者便络绎不绝，但是都不是富翁家的那一只。心急如焚的富翁太太说，"肯定是捡到狗的人嫌咱们给的钱少了，因为那可是只纯种的外国名犬呀，其身价差不多就值七八万。"富翁在太太的再三催促下，又打电话给电视台，要求继续播放寻狗启事，并把酬金提高为 2 万元。

　　有位乞丐那天正好躺在公园休闲椅上打盹，大雨下落时便顺手捡到了这只狗。后来乞丐在商场闲转时又无意中看到了寻狗启事，兴奋得差点儿跳起来，要知道 2 万元对他来说该是多少包方便面呀！乞丐暗自庆幸：真是老天有眼，没想我这辈子也能交上这等好运！

　　乞丐第二天一大早就抱着狗准备前去还给失主，然后领取 2 万元的酬谢金。当他经过百货公司的墙体屏幕时，正好又看到了那则寻狗启事，不过此时的酬谢金已经变成了 3 万元。于是，乞丐便驻足原地暗自琢磨起来：这酬金的增长速度倒挺快，看来这只狗应该是很值钱的。想到这，他又改变了主意，返回他栖身的破桥洞中，把这只可怜的狗重新拴在那儿等待着。果然，第四天的酬谢金又高涨了一截儿。

　　在接下来的几天时间里，乞丐的眼睛紧盯着那个不断播放寻狗启事的墙体大屏幕，当酬金涨到所有人都感到十分惊讶的时候，乞丐急忙返回他的破洞去牵狗。

　　可是十分遗憾的是，那只狗已死亡多时。因为，这狗在富翁家里受到的是超级待遇，打小吃的是鲜牛奶和烤牛肉等高档食品，而对乞丐从垃圾桶里捡来的劣质食品无法下咽，因此便被活活饿死了。

这个富翁原以为只要有钱，就可以办成任何事情，谁曾想偏偏因为钱多而坏了事；乞丐则因为贪婪，一味地等待酬金持续疯涨，谁曾想偏偏会是竹篮打水一场空的结局。

这富人与这乞丐都因为钱犯了严重的错误。

走向成功的分析　这家富翁因为有钱，所以愿意以高价寻找丢失的宠物狗。他们只意识到付出的钱少了狗就可能找不到，但却没有意识到用钱是很难填平贪婪者的欲望的。那么，为什么会出现这样的意念与实际的巨大反差呢？其关键点在于他们把人们所具有的良知、慈善、宽容等品德，全部都以钱来加以衡量，"自古华山一条路"地选用了用钱去解决一切。这种违背规律的做法，自然会受到应有的惩罚。

走向成功的感悟

勤俭为本，勤俭是宝，勤俭乃仓。这些古往今来人类生存的宝贵经验和智慧，至今对于所有的人都是适用的。经商者要保本经营，家家渴望生活富裕，这些又都与勤俭之性、勤俭之策、勤俭之举等有着千丝万缕的关联。当收入和生活较为宽裕时，厉行节俭之风会使日子过得锦上添花，因为此刻花钱的动机与效率已经达到了较高的层次。

做任何事情，都要讲究方法。方法对头，才能使问题迎刃而解，收到事半功倍的效果。

王梓坤

10. 谋略：计熟事定，举必有功

谋略是指人们的计谋与策略，在做任何事情时都三思而后行。人们为能将所经手的事情做好，为能随心所欲地驾驭事物的规律与趋势，为能水到渠成地去左右事物的成败，就必须意在事先、缜密思谋、精心策划、调用韬略，由此来获取做事的主动权和成功率。

走上成功的阶梯 江河行舟，顺水的力量可使舟直流而下，顺风的力量可使舟加速前行。而摆渡者也能依靠自己的力量，与水流、风力等自然力量形成合力，推动舟向那些既定目标靠近，如愿到达彼岸。而这种合力，正是人们运用谋略的结果。

诸葛亮、刘备、孙权和曹操 4 人，穿过时光隧道来到现代，他们为了解当年征战的地方，如今发生了哪些变化，就坐飞机在高空巡视。

就在他们触景生情、感慨万千之时，飞机突然出现了故障，所有的人都需要跳伞逃命。但是，飞机上却只能为他们提供 3 只降落伞。于是，老谋深算的诸葛亮抢先开口提议道："现在情况紧急，容不得我们坐下协商，所以由我出题向你们 3 人发问，凡答对者，便可获得 1 只降落伞，若是答错就请自便，另寻解决途径。"这个提议当即就被全体通过。

诸葛亮首先问刘备："天上有几个太阳？"

刘备随即回答："1 个。"

于是刘备分得 1 只降落伞。

诸葛亮接着问孙权："天上有几个月亮？"

孙权没迟疑开口便说："1 个。"

于是孙权也分得降落伞 1 只。

诸葛亮掉转身来问曹操："天上有多少个星星？"

曹操手捻胡须，双眉紧蹙，一时语塞未能作答。

于是曹操便从舱门跳将下去。幸好，下临大江，曹操落入水中，仅是筋骨受伤，没有摔死。

时隔数日，4 人又同时乘机出巡，途中飞机又不幸出了故障，所有的人需要跳伞逃命，飞机上仍然只能为他们提供 3 只降落伞。和上次发生变故时一样，刘、孙、曹 3 人必须再次接受诸葛亮的提问。

诸葛亮还是先向其主刘备发问："昔日武王伐纣，大战于何地？"

刘备思忖片刻答曰："牧野。"

于是刘备分得 1 只降落伞。

亮继而向孙权发问："牧野之战参战士卒有多少？"

孙权面有得色，答曰："甲士四万五千人。"

于是孙权分得 1 只降落伞。

诸葛亮侧转头向曹操发问："这些士卒都是谁？"

曹操双拳紧攥，双眼紧闭，开口却无语，仍未答出。

于是曹操又经舱门纵身凌空而下。又是万幸，下面还是大江，曹操又仅受肌肤之伤，仍是大难不死。

时隔月余，4 人再次同乘机出巡，途中飞机再次不幸出了故障，所有的人需要跳伞逃命。这时，还未等诸葛亮开口，就见曹操满脸通红，瞪圆眼张开口大喝一声，再次腾身凌空跳下。

其后，另 3 人面面相觑，不免为之遗憾。此时，诸葛亮则仰天长叹道："曹孟德啊曹孟德，你何故要急促做出如此的蠢举，岂知经过前车之鉴，今天飞机上已备足了 4 只降落伞！"

有无数后人"读史"至此，皆无不为英雄扼腕叹息，曹操所以有如此境况，盖因屡次被诸葛亮计谋所算计也。

走向成功的分析　通过这则笑话，人们可以获得重要的启示：运用计谋本可以为自身争得主动，也可以改变危险的处境，还可以自如控制事态的发展。这些谋略并非靠灵机一动就可以产生，它需要睿智的头脑、丰富的经验、过人的胆略等作为先决条件。你在这方面的先决条件越是充足，所能够产生的谋略就越是精彩绝伦。人们在做事情时，由于事先不能完全掌握其发展规律或可能出现的问题，总是需要随时调整策略。你也许很清楚，当今时代的竞争异常激烈，那种"人多伞少"的境况更属屡见不鲜，这就需要你让自己变得足智多谋。那么何谓足智多谋呢？这不外乎在于你遇事能够正确地发现问题的症结，能够及时地找到化解矛盾的方法，能够巧妙地利用个人能力变被动为主动，能够合情合理地让他人接受你的想法。你应在竞争中建立起这样的思维：去做一件事情并不难，难的是按自己的想法去做好一件事情。在解决具体问题时，可能也会经历如此的现状，当问题接二连三地出现，你就会手足无措。如果此时你不能识别主要矛盾，不能抓住问题的关键点，不能以良策打开突破口，那么在前面等待你的一定会是失败。所以你要牢记，最聪明的做法是不论遇到多少问题，只须去找到并抓住其中最为关键的那一个，将这个问题解决了，其它问题便可随之化解。

走上成功的阶梯 路多有歧途，树多有分枝，对之有所扬弃才会有所进取，对其有所剪裁才会有所大为。在这其中，又何不深刻地显现出人的大谋大略呢？

有个旅行者在途经沙漠时迷失了方向，很长时间也没有寻觅到走出去的路，几天下来由于饥渴难忍而濒临死亡。这日，他头顶烈炎，拖着沉重的脚步，艰难地向前行走，终于来到一间已废弃的小屋前。

旅行者喜出望外，经过简单的查寻后，发现这间屋子久已无人居住，几经风吹日晒也已摇摇欲坠。当他走到屋前，却惊喜地发现还立着1个吸水器！他抢步上前便用力向外抽水，可是直摇得腰酸手痛，但始终不见一滴水流出，顿时又陷于绝望之中。这时，他抬起头失望地打量着周围，忽然发现石台上有1个水壶，且壶口被木塞塞着。他走近后见到壶上放着张纸条，上面写着这样几行字：你要想喝水，就请先把这壶里的水灌到吸水器中，然后再打出水来饮用。当你离开这里之前，记住一定要再把这个壶装满水。当他小心翼翼地打开水壶塞，发现里面果然有满满一壶水。

此刻，旅行者面临着十分艰难的抉择，是不是应该按纸条上所说的那样，把这壶水先倒进吸水器里？如果倒进吸水器后仍然打不上水来，岂不是白白浪费了这救命之水？相反，如果自己要是把这壶水喝下去，就有可能保全性命。

旅行者拿着纸条，在吸水器前来回深思细想，在十几分钟的揣度中，生与死的关联和影响被他的灵感逐步地加以理清，让他明白所舍弃的并非生命的机会，而是赢得生命的延伸，他不再心存犹豫，坚决按照纸条上所说的去做了，结果真的打上来了清凉的水，让他痛痛快快地喝了个肚胀腹饱！

旅行者在原地休息半天后体力得到恢复，临行前他把水壶又装满水，并在纸条上加进了几句话：请相信，纸条上的话都是真的，只有当你产生了暂且将生死置之度外的胆魄时，你才能真正喝到冰凉甘甜的水。

走向成功的分析　每当面临生死考验之时，正是对人们心智的最大考验。旅行者以自身的智慧，引导自己进行了正确的抉择，先将可以救命的水全部倒掉，然后去获得更多的求生水源。他能够如此对待生死的危机，必定是对生命的意义、生命的价值有着深刻的领悟，才能够具备较高的生存智慧与谋略，才会有效地免除当前的严重威胁与严峻危机，使生命得以蓬勃顽强的延伸。你看了这个故事后，是否已体会到那种在关键时刻善于谋略的重要意义与作用？其实，人生之旅也会多次遇到"沙漠之地"，你随时都将面对困境。此时此刻，与其硬着头皮横冲直闯，不如使自身变得聪明起来，变得足智多谋，能够在复杂混乱的局面中，凭借着智慧为自己找出一条通畅的路。如若这样，故事中所蕴含的生命哲理，便可让你受益匪浅。

走上成功的阶梯　成功不仅需要人们去奋力拼搏，同时也需要具备足够的智慧。

日本松下公司准备从新招的 3 名员工中选出一位做市场策划，于是对他们例行了上岗前的"魔鬼训练"，通过训练成绩予以确定。

公司将他们 3 人从东京送到广岛，并按照最低标准给了他们每人 2000 日元做为全天的生活费用，要求他们在那里生活一天。同时告诉他们，看看谁将剩下更多的钱。其实，他们 3 人内心都十分清楚，要想剩下钱几乎是不可能的，因为你若想"剩"下更多的钱，就必须利用自己的智慧让 2000 日元的生活费用，在短短一天内繁衍出更多的钱。

如果用这些钱去做生意也是不可能的，乌龙茶单价是每罐 300 日元，可乐的单价是每听 300 日元，在最便宜的旅馆住一夜也要花费近 2000 日元。也就是说，他们手中的钱仅能够在旅馆住上一夜。

看来手中的这些钱，要不就别去睡觉，要不就少吃饭，除非他们能在天黑之前让这些钱产生出更多的利润。另外"魔鬼训练"还规定，他们必须单独生存，不能有任何联手合作迹象，更不能去给人家打工挣钱。

甲先生非常聪明，他先用去500日元买了个墨镜，再用剩下的钱买了把二手吉他，来到广岛最繁华的地段新干线售票大厅外广场上，做起了"瞎子"卖艺的营生，结果半天下来，他的吉他盒里居然已经装满了钞票。

乙先生也非常聪明，他先花去500日元做了个大箱子，并在上面书写"将核武器赶出地球，纪念广岛灾难40周年暨为广岛建设大募捐"的字样，同样也将其放在最繁华的广场上，然后用剩下的钱雇了两个中学生做现场宣传演讲。结果也是还不到中午，他的募捐盒里就已塞满了钱。

丙先生看上去是个没头脑的家伙，或许因为他太劳累了，他所干的第一件事就是在中午找了家小餐馆，要来一杯清酒、一份生鱼、一份米饭，好好地吃了一顿，这一下子就消费掉了1500日元。然后，他便钻进一辆被人视为垃圾扔掉的旧丰田汽车里，美美地睡了一大觉。

广岛的人们还真不错，甲乙两位先生的"生意"异常红火，一天下来，他们都暗自窃喜于自己的聪明谋略和所得的不菲收入。谁知，在傍晚时分，厄运分别降临到了他们的头上。有位佩带胸卡和袖标，腰间还挎着手枪的城市稽查人员出现在广场上。他赶上前以破坏公共环境及非法买卖为由，扔掉了"瞎子"的墨镜，摔碎了"瞎子"的吉他；撕破了募捐人的箱子，并赶走了他雇的学生，同时还没收了他们所有的"财产"，且还收缴了他们的身份证，扬言要以欺诈罪起诉他们。在他们的再三哀求下，这才将他二人痛斥一顿后，拂袖扬长而去。

这两位倒霉蛋心想这下完了，别说是赚钱，就连老本都亏完了。他们不约而同地责骂那个可恶无情的稽查人员，手段太黑了，简直就是魔鬼！接下来他们各自想方设法筹措路费，后来比规定时间晚了一天狼狈不堪地返回松下公司。进入办公室时，他们发现那个稽查人员正端坐在公司里等着他们。只见那稽查人员掏出两个身份证分别递还给他们，并深深鞠躬致歉："不好意思，请多关照！"

是的，直到这时他们才认出眼前的"稽查人员"，就是那位在饭馆里吃饭、在汽车里睡觉的丙先生。他投资150日元做了个袖标和一枚胸卡，花350日元从一个垃圾老人那买了一把旧玩具手枪和化装用的络腮胡子，当然还有就是花1500日元吃了顿饱饭。

这时，公司国际市场营销部总课长走出来，一本正经地对站在那里怔怔发呆的"瞎子"和募捐人说："企业要生存发展，要获得丰厚的利润，不仅仅是需要会吃市场的人，最重要的还在于必须懂得该怎样吃掉那些吃市场的人。"

走向成功的分析　甲、乙、丙三人都同时付出了自己的智慧，去努力争取最终的胜出。可以说甲与乙的谋略不仅是正确的，也是具有创新性的，他们很快就赚到了足以保证自己能够胜出的钱来。但是，他们智慧的力度与长度显然要低于丙。丙的思维视角在于如何将已赚到钱的那两位竞争者统统吃掉，以确保自己在没有任何竞争对手的状态下去参与竞争，结果他当然胜出了。对于智慧的运用相当重要，但并不是说人具有较高的智商就是稳操胜算了。你要想使自己的谋略高于他人并得以顺利兑现，就必须学会居高临下的思维定式，必须学会火眼金睛般的观察方法，必须学会审时度势的判断，必须学会独具匠心的创新意识。当你在这些方面都有了长足的进步，那么你的实际能力便会出现明显的增长。

走向成功的感悟

当人们在努力想办法时，大多是因为遇到了实际问题，为了如愿解决这些问题，就必须开动脑筋寻找良策。当那些绝妙的谋略一旦被人们找出并加以应用，那么所有的问题就会迎刃而解。而这种智力的体现，就正是人们在实践中运用谋略的过程与结果。

"难"也是如此，面对悬崖峭壁，一百年也看不出一条缝来，但用斧凿，能进一寸便进一寸，能进一尺便进一尺，不断积累，飞跃必来，突破随之。

华罗庚

书山有路勤为径

11. 勤奋：业精于勤荒于嬉

勤奋是指依靠不辞辛苦的劳作去谋取收益，它既是一种良好的习惯，也是一种优秀的美德，更是走向成功的阶梯。著名科学家钱三强在《和青年朋友说话》中说："古今中外，凡成就事业、对人类有所作为的人无一不脚踏实地、艰苦攀登。"

走上成功的阶梯 要想获得成功，必须具备知识与才干，惟有在此处表现突出者，才有可能成为人们所羡慕的佼佼者。而且这些知识与才干的获取之道，除了勤奋刻苦的求学之外，别无捷径可循。

东汉时期有个叫孙敬的著名政治家，年轻时非常勤奋好学。

为了能够学到更多的知识来充实自己，孙敬常离群索居，独自关起门来读书。邻居们都知道孙敬读起书来常常废寝忘食。早上起得最早的人可以看到孙敬的读书身影，晚上睡得最晚的人可以听到孙敬的翻书之声；当他读书入迷时似乎就忘记了饥饿，即使早饭放到晚上都不曾动一筷子；当他读书入迷时似乎忘记了时间，即使人已非常劳累，但双目就是不愿从书本上移开。

有时因读书时间过久，孙敬会疲倦得打瞌睡，他唯恐影响读书效果，就想出了一个十分特别的办法来加以预防。古时候男子的头发都留得很长，他就找来根绳，将一头牢牢地绑于房梁之上，而另一头则拴在自己的长发之上。当他读书疲劳打瞌睡时，头若稍有低沉，绳子就会扯住他的头发，头皮一痛，人就立马清醒了，然后他揉揉酸涩的眼睛继续学习。这就是孙敬头悬梁勤奋读书的故事。

在战国时期，有个名叫苏秦的政治家也是出了名的酷爱学习。他年轻时由于学问不深不精，曾到许多地方去做事不受重用，便非常失落地返回家中。为此家人及四邻也瞧不起他，并且对他非常冷淡。这些境况使他受到了极大的刺激与震动，所以暗下决心要勤奋刻苦读书，努力增长知识与才干，用事实来证明自己。

从此，苏秦刻苦读书，且常常彻夜苦读不眠。由于夜深后人很容易疲倦，眼睛难以睁开而犯困打盹，苏秦就想出了应对的方法：他为自己准备了一把女人用来纳鞋底的锥子，每当想打瞌睡时就用锥子在大腿上狠狠刺一下。锥子扎入肉中的疼痛使他重新清醒起来，然后再继续读书。这就是苏秦锥刺股勤奋读书的故事。

孙敬和苏秦都成为当时的成功人士，他们勤奋读书的事迹也被后人总结为"悬梁锥股"的成语，用来比喻人们发奋读书、刻苦学习的精神。

走向成功的分析　许多伟人具有非同常人的勤奋精神，他们废寝忘食，全心投入，且越是成功，就越是能体会勤奋努力对于自身的重要意义，就越是激励自己勤勉地奋力进取。如果说成功之途有多道紧闭大门的阻挡，那么毫无疑问勤奋就是打开这些大门的关键钥匙。你想要将这些钥匙全部拿在自己手中，就去勤奋地努力吧，除此之外别无其他捷径可循。

走上成功的阶梯　去做自己想做的事情，并努力将其做到尽善尽美，让包括自己在内的所有人均无懈可击，这才是成功的真谛。生活中有个不成文的法则：有些事情只要你想做就可以随时去做，但有些事情也许一生中仅有一次或几次去做的机会。你若是希望自己能做这样的事情，就必须善于抓住机会，否则良机逝去便不复还。

林意茹是新加坡某商务学院的中国留学生。这天，她突然接到了一个非常不好的消息：为她办理出国留学的那家中介公司，实际并未获得教育部门所颁发的资格证书，属于非法中介，现已被查处停业、人走楼空。而更为糟糕是：林意茹所就读的这所学院，也仅有短期培训的执照，根本不具备大学学历认证资格。因此，林意茹学业结束后根本不能获得正式学历资格。

这些坏消息对于林意茹来说无疑是晴天霹雳。因为她此次出国留学，几乎花去了家中全部的积蓄。在接下来的几天里，同行的其他留学生陆续地离开学院回国了。林意茹身上也仅剩下1500新元，而且签证也仅够在新加坡合法居留90天。

林意茹出生在普通家庭，父亲前几年因公殉职，母亲无业在家操持。1年前她征得母亲同意，用父亲的抚恤金为自己办了出国留学手续，前往新加坡留学深造。

林意茹是个坚强自信的女孩，自小就生活自理，对什么事都抱着积极乐观的态度。这次到新加坡留学，就是她为自己设定的一项重大人生发展计划。现在她的梦想之舟才刚驶离港湾，就似乎要被搁浅了，她自然不情愿接受这个沉重的打击。她和妈妈通了电话，隐瞒真相说自己一切安好，课余还去打工赚钱，足够下半年学费和生活费，让妈妈不必担心。

她决定暂不回国，先去找份工作解决眼前的生存危机，然后再伺机寻求新机会。

经过一番艰难周折，她终于在一家小印刷厂谋到一份工作。但是，这里的工作环境非常恶劣，巨大的制浆池里满是浓度很高的铅锌溶液，且有很强的腐蚀性，林意茹直接用手在铅锌溶液里搅拌，半个月下来双手已经多次脱皮起皱，看上去活像干枯的石榴树皮。即使是在这般艰苦的环境下，林意茹还是毅然坚持了下来。因为她相信通过自己的辛勤劳作，完全可以为自己赚到足够的钱。但是有一天，警察突然查封了这家印刷厂，林意茹也被以非法偷渡者的身份带进了警察局。

在接受检查时，林意茹双手上的累累瘢痕让警察为之吃惊。他们对林意茹说："我们已查实你不是非法偷渡者，但你必须找所学校为你开具留学身份证明，这样我们才好处理放人。"在好心警察的帮助下，林意茹联系好了一家学校，并交出1700新元获得了一纸证明。这耗去了她大部分打工的积蓄，她的生活和前途又陷入了茫然无望的境地。

后来，她虽然换了好几份工作，但都做得不开心。那一阵，电影《泰坦尼克号》正好在上映，影片中的女主角在危难时连嘴唇都动不了，却吹响哨子吸引救援人注意，最终使自己获救。这个细节给聪明敏感的林意茹留下了巨大的想象空间，她在想自己能不能在这上面尝试做点文章呢？

新加坡虽然没有发生过大地震，但是海啸台风等却是司空见惯的。经过反复思索，林意茹决定冒险赌一把：她把自己手头的1万多新元全部投进去，又借了2万新元的高利贷，向日本生产体育专用哨的公司紧急定购了30万只哨子，要求对方必须3天内供货。在这3天里，林意茹心里就像揣了只兔子般惴惴不安，既吃不下饭也睡不好觉。因为，若是这笔生意赌输了，那将意味着她会负债累累；若是没有办法及时还清高利贷，还有可能受到黑社会的威胁，甚至连性命都难保。

3天之后，那30万只哨子如期抵达。林意茹如同猛虎捕食般立即投入了这笔生意的运作当中。她马不停蹄地将这些哨子分送到每个超市、店铺、便利店、飞机场、码头甚至加油站，在每批货中都附带有宣传单，其中有对哨子在危急关头可起什么作用进行了详细说明。

结果她大获成功。在短短的 1 个星期内，30 万只哨子被销售一空，还出现了供不应求的现象，价格曾一度高涨到 12 新元一只。林意茹在这 1 个星期里，为自己挣来了 17 万美元的丰厚收入。她依靠自己的勤奋和坚定，终于换来了属于自己的"第一桶金"。

之后，她正式进入新加坡最好的高等学院学习，还着手建立了自己的网络公司。她无比勤奋地学习和工作着，并以最快的速度使网络公司在美国和香港挂牌上市，市值一度超过 7900 万美元，她因此一跃成为百万富翁。

林意茹的这段经历和事迹，被很多著名商学院选入典型案例。林意茹在案例开篇的序中写道："我们常常困惑于智慧到底从何而来，到何处去，如何发挥智慧的光芒，在利润与成本的衔接点上，如何找到我需要的平衡？我们也常困惑人的力量从何处来，到何处去，我们为何常在庞大的市场面前惊惶失措无从观察？这些原因中最为重要的，或许就是人的惰性。成功的人背后未必有着辉煌的过去，然而无路可走的人永远是不可低估的。当无路可走时你会突然发现，原来有这么多的路都在等待你的脚步，此际你所需要做的就是勤奋地去进取。"

走向成功的分析 林意茹以自身的无比勤奋和不懈努力，消除了失落失意时所产生的强力干扰，冲破了艰辛困苦的阻碍，在美妙的哨音中激情满怀地向着成功飞奔而去。在生活、学习和工作中是离不开勤奋这种美德的，可是并非每个人都能将其做好做到位。勤奋的最大障碍是懒惰，而后者很容易在人们心中扎根，并且使人在困难面前止步、在失败面前退却、在风险面前回避、在成功面前悲叹。所以，这种负面行动与获取成功的意愿是水火不容的。你越是清楚地意识到这一点，就越会认可林意茹的行为，你也就离成功的目标越是接近。

走上成功的阶梯　勤奋存在着巨大的潜能空间，有时会使人超越自身的不足，稳固地向着成功的目标迈进。

这是个练习跑步的计划。

第一个月，跑完家属楼到学校间的 1000 米；

第二个月，跑完 1050 米；

第三个月，跑完 1100 米；

第四个月，跑完家属楼到医院间的 1200 米……

第二年，跑完家属楼到火车站间的 5000 米……

或许这个计划在许多人看来实在是太不起眼了，甚至有人还嘲笑它像懒惰者为自己制订的妥协性长跑计划，因为 1 个月才向前增加 50 米或 100 米的距离。

但是，当你得知面前这份长跑练习计划，是由一个年仅 14 岁且先天残疾，并伴有癫痫症的残障孩子为自己制订的计划后，你又会有什么样的感受呢？

就在 6 年之后，正是这位多年勤奋努力练习长跑的残障孩子，在全国残疾人运动会上夺得了金牌。当他满怀欣喜地用单腿独立站在采访记者面前时，他特别提到了自己的那份长跑计划，并说了这样一句话："每当我练习跑步时，我都会对自己说别去理会脚下，抬起头来紧盯着前方那个最终的目标。"

走向成功的分析　这个残障的孩子依靠自己的勤奋努力，让人生之路在自己羸弱的脚下不断向前延伸。这足以表明，成功人士与平庸之辈之间最根本的差别，并不全在于天赋，也非全在于机遇，而是与有无人生目标及为之勤奋地进取直接关联。残障的孩子每向前跑出一步都会付出巨大的艰辛，每完成一次练习都会经受常人所体会不到的痛苦，有时每向前增加一米的距离，对于他而言不亚于攀登珠峰时的危机四伏。即使是这样，他毅然坚持了六年时间，终于实现了完成5000米长跑的梦想。当你遇到困难与阻力时，能否像这个残障孩子一样，确定与认准既定的人生目标，并付出自己的全部心力，知难而进、持久不懈地向前迈进呢？此刻，你也可以对自己说：别再犹豫徘徊畏葸不前，抬起头来紧盯着最终目标奋力进取。其实你们绝大多数人都在父母及老师那里，了解了什么是人生目标，该怎样去设定人生目标，以及该如何去实现人生的目标。这就意味着人生目标人人皆有，并非特殊之举，也绝非成功者的专利。可是，为什么人们之间会产生很大差距呢？若是从勤奋的视角去看，可以肯定那些意志浅薄、惰性十足、见异思迁、得过且过等不良习性就是罪魁祸首。当你胸有成竹地设定了明确的人生目标，并且非常勤勉地为之不懈努力时，你人生的道路上就会显示成功的端倪。

走向成功的感悟

　　勤奋自强、自力更生，这是所有成功者共有的特点。谁要是在意志和行为中具有如此难能可贵的财富，谁就将终生受益。

　　当人生的目标确定后，人们就会找到进取的方向，并勤奋地向着所认准的方向努力搏击，获取成功。任何伟人也都是由凡人开始做起的，但在他们的那些凡人经历中，却常常会看到不同于众的非凡表现。伟人们的种种勤奋，实际就是他们所具有的良好习惯，这种好习惯促使他们脱俗超众、走向成功。而那些人生目标不明确者，即使每天也在做着这样或那样的事情，但是成功对他们而言似乎总是遥不可及。

在科学上没有平坦的大道，只有不畏劳苦，沿着陡峭山路攀登的人，才有希望到达光辉的顶点。

（德）马克思

12. 刻苦：悬梁刺股有大成，铁杵磨针建伟业

刻苦是指人具有面对任何艰难险阻的勇气与精神。人一旦具备了刻苦的精神，就特别擅长在困难中坚持争斗，并致力于克服与扫除障碍，经过不懈努力达到事先预定的目标。

走上成功的阶梯　能否获得成功，固然取决于个人刻苦努力和艰辛付出的程度。但是，除此之外也可以借助外界的力量，使得自身刻苦努力的效果得以倍增，从而克服与征服成功之途上所有的困难和逆境。

世界上所有角落的华人，都知道李嘉诚的名字。人们在探寻李嘉诚成长的过程时，着重研究了对于他的成功起着关键作用的那些因素，结果发现，非同一般的刻苦精神和能力，就是其中最为关键的方面。

李嘉诚出身于小知识分子家庭，这种家庭出生的孩子一般生活在社会边缘地带，在家庭氛围的陶冶下，除了具备聪敏、灵气、善良等良好品行外，同时还具备积极向上、刻苦努力的奋斗精神。

早年间，李嘉诚的家庭曾一度从小康坠入困顿，生活环境的恶化使处于少年期的他对世态炎凉、人情世故过早地有了深刻的体味和洞察。他所尊敬的父母，在生活境况每况愈下的现实面前所表现出的无奈愁情与无力应对，在他幼小的心灵中留下了深深的印记，也为他日后刻苦做事奠定了坚实的基础。

对李嘉诚刻苦拼搏精神影响最大的，莫过于其父李云经先生。李嘉诚少年时，每当半夜醒来，都会看见父亲坐在台灯下批改学生作业的背影，这件事对李嘉诚触动很大，以至成年后仍难以忘怀。多年后他曾多次谈及此事，将父亲的这种刻苦敬业精神，视为激励自己奋斗的楷模；同时也成为他日后参与竞争时强有力的精神支撑和人生警示。李嘉诚就是因为追慕父亲那"人生在世，不为名利"的高尚精神，才在经过数年的栉风沐雨、万般艰辛、刻苦拼搏之后，逐步地走向成功的彼岸。

走向成功的分析　环境既可以磨练人的意志，也可以塑造人的精神。李嘉诚的生活经历，对于他来说就是宝贵的人生资源。在他的心目中，终日不辞辛劳的父亲，就是他终生效仿的楷模。他在这样的行为示范和影响下，逐步养成了勤于做事、刻苦奋进的品格，所以才会从小到大非常成功地将自己的事业做起来，成为当今的商业枭雄。李嘉诚能成为企业的董事长，完全取决于他那超出常人的刻苦精神和舍得付出的刻苦努力，他刻苦的原动力就是其心怀的大志。天道酬勤，对于他的巨大付出，已相应地得到了巨大的收获。

走上成功的阶梯 有时上帝也像异常精明的生意人，当给了你一份天才的名分时，还会同时给你搭配几分享有天才名分的苦难。使你必须去用刻苦的利刃，将这些苦难从天才的名分中逐一剔除干净，方可名符其实地享有如此盛名。

帕格尼尼是世界著名的小提琴家，他的音乐作品仿佛精工细雕的工艺品，向人们散发着深度的诱惑力和深刻的感召力，他的琴弦之音会将人们带进美妙无比的殿堂，给人以独具特色的艺术享受。而他本人也正是同时接受了上帝馈赠与苦难的成功者，所以他才会通过异常刻苦的努力，成长为善于用苦难的琴弦把音乐演奏到极致的奇人。

帕格尼尼在3岁时就开始学琴，到12岁便成功举办了音乐会，结果其音乐才华轰动了整个舆论界。这之后他的琴声遍及法、意、奥、德、英、捷等国，巡回演出到哪里，哪里就会掀起一阵激情荡漾的热浪。由于钟情于美好的音乐艺术，人们传说帕格尼尼的琴弦是用情妇的肠子制成的，魔鬼又给他暗授了妖术，所以他演奏出的琴声才会产生出具有无穷魔力的神奇效果。维也纳有位盲人听了他的琴声后，还以为是由一支乐队在当场演奏，当得知台上只是他在独自演奏时，便大声赞誉："他真是个音乐世界里的魔鬼。"巴黎人为了聆听他的琴声，不顾霍乱严重流行，依然让演奏会场场爆满。帕格尼尼不但用独特的指法、弓法和充满魔力的旋律征服了整个欧洲乃至全世界，而且还创作出《随想曲》、《无穷动》、《女妖舞》等六部小提琴协奏曲。

几乎所有欧洲文学艺术大师如大仲马、巴尔扎克、肖邦、司汤达等都听过他的演奏，并都为之激动不已。音乐评论家勃拉兹称他是操着琴弓的魔术师。歌德也评价他在琴弦上展示了火一样的灵魂。

但就是这样一位天才音乐大师，却经历了多种人生苦难的煎熬与摧残。4岁时因为麻疹和强直性昏厥症，差点让他进了棺材；7岁时又险些非命于猩红热症；13岁不幸患上了严重肺炎而不得不大量放血治疗；46岁时牙龈突然长满脓疮，只好拔掉几乎所有的牙齿；牙病初愈，却又染上了可怕的眼疾，以至于幼小的儿子成了他行路的"拐杖"；50岁后，关节炎、肠道炎、喉结核等多种疾病，不断地吞噬着他那异常羸弱的肌体；到后来声道也坏了，只得靠儿子按口型来翻译他的思想；他仅活到57岁，最终口吐鲜血而亡。

虽然帕格尼尼经历了如此众多的苦难，但是他从来没有怀疑过自己的音乐天赋，对音乐的恒久信念和信心使得他的意志变得坚不可摧，音乐使得他忘记和摆脱了人生苦难留在体内的痛苦和留在心中的阴影。他从来没有放弃在音乐天地中的勤奋耕耘与刻苦探索，以无比娴熟的技艺把音乐的美好种子，努力播撒到了世界上的每个角落和每个人的心间。

走向成功的分析　在获取成功的过程中，有时人们需要为此付出非常大的代价，帕格尼尼就正是这样的人。在他那出神入化的艺术造诣中，积淀了多少鲜为人知的痛苦煎熬和刻苦磨练，勤奋进取和全情投入，如果他不能在艰难困苦面前咬牙坚持，如果他在一次次命运的阻遏面前退却下来，如果他在遇到失败与重击时不能坚持下去，那么人们也许就不会听到由这位天才音乐家所演奏的音乐。

走上成功的阶梯　当人生的意外灾难突然降临时，会在顷刻之间彻底改变人们眼前的一切，也恰恰就是在这样的时刻，人们将面临十分艰难，又是十分重要的选择，是抬头挺胸勇敢的面对，还是困在其中难于自拔，两种不同的选择便会得出两种不同的人生结果。

有个小女孩儿十分聪明伶俐，也极讨人喜爱。她是父母手中的一颗明珠，在百般呵护下快乐成长。在小女孩儿的心扉深处有一幅精心编织的美好画卷：像"丑小鸭"故事中所描述的那样，她最终会变成美丽的天鹅，在理想的天空自由自在地翱翔。

但是，灾难却突然降临在她的身上：她不幸患重病后造成了高位截瘫。这对女孩儿来说，是多么沉重的打击呀！此刻，家里失去了往日甜蜜温馨的歌声和笑声，父母流出的眼泪都裹带着心血的痕迹，悲情的阴影遮盖着家里的每个角落，全家人都沉浸在无比痛苦的煎熬之中。

但坚强开朗的小女孩儿在经历了如此严重的人生变故之后，一夜间仿佛就成熟了起来。她虽然也深为自己的现状伤心不已，但更为父母悲伤的现状心痛如绞。因为，他们的双鬓同时增添了许多白发，身心憔悴，虽然内心万分痛苦，却又要强装出笑容面对女孩儿，这是她最不愿看到的一幕。

　　于是，她躺在床上想着如何能尽快地解脱自己，同时也解除父母的痛苦。思来想去，就把思路定格在两点上：其一是死，以死解脱，长痛不如短痛；其二是不能就这么躺着，一定要找点事去做，找回自己的快乐并以此抚慰父母的心灵，和家人共同摆脱痛苦冲出困境。

　　就在她面对这两种选择犹豫不定时，她从爸爸的杂志上看到了一个与她经历相似的故事，并从中受到了极大的启发和鼓舞，便毫不犹豫地放弃了死的念头，开始为自己究竟要做什么，能够做什么积极思考起来。

　　终于有一天，她很认真地告诉父母自己想学计算机，因为她从资料中看到，学会使用电脑就可以上网，而网上的各种信息自己即便躺在床上也可以轻易地看到，这样就能知道外面世界的变化了。父母表态支持她的想法，并很快为她买回了一台电脑和一些相关学习资料。

　　但是，小女孩属于高位截瘫，只有胸部以上可以自主活动，说的更准确一点就是只能转动脖子以上的肌体。为了克服这个困难，她让爸爸给自己做了一根长木棍，然后用嘴衔着木棍按动键盘上的各个按键，用这种十分特别的方法来操作电脑。

　　开始时，木棍被含在嘴里总是摇摇晃晃的，根本就找不准键的位置，且时间稍久不仅嘴部肌肉酸痛，而且眼前的一切东西都好像在飘动似的，头晕目眩痛苦不堪。但是，她硬是咬紧牙关挺了下来，在父母的帮助下闯过了一道又一道难关，最后终于可以轻松熟练地去操作电脑了。

经过两年异常刻苦艰难的学习，小女孩儿不仅能熟练地操作电脑，还学会了使用各种软件进行文字写作和电脑绘图设计，并建立了个人的网上工作站。通过网络，她不但学到大量的知识，还用自己的网站赚到了钱！许多人在网上知道她的情况后，十分佩服她敢于面对困境的精神，纷纷和她交朋友，有关媒体也把她的事迹专门进行了报道，她成了许多人心中学习和模仿的优秀人物。

此后，家中又重新响起了快乐的歌声，父母脸上又露出了欣喜和骄傲的笑容，每天除了接待很多来访的朋友，还要为女儿查找资料，并为她接洽有关商务事项，竟使得父母里里外外忙个不停。不知内情的人哪里看得出来，这家人曾经经历了多么沉重的无情打击，曾经一度陷于难以摆脱的困境呢！

走向成功的分析　人们常说"因祸得福"，这个意志异常坚定、做事非常刻苦、不被灾难所击倒的女孩儿，虽然不能像常人那样自由活动，但是，她却选择了另外一条人生之路：用仅仅可以活动的嘴来实现新的人生追求。假使这种悲剧落在其他人身上，那么将会是怎样的结局呢？不论人们是愿意还是不愿意，有些事是不以人的意志为转移的，就如同这女孩儿所遭遇的不幸那样。你也有自己的梦想，不论它是大或小都会让你为之振奋与憧憬。诚然，为了不让其永远仅仅停留在你的心里，你必须用自己的实际行动来一点一滴地加以兑现。当你有梦时才会对未来有所期望，有这种期望才会产生激情，有了这种激情才会自立自强地守住梦想，然后再为之付出持久的刻苦努力与勤奋进取，如此你才可能比他人先期到达成功的彼岸。

走向成功的感悟

当人生的意外灾难突然降临时，会在顷刻之间就彻底改变人们眼前所有的一切，也恰恰就是在这一刻，人们面临着十分艰难但又十分重要的选择，是抬头挺胸勇敢地面对，还是困在其中难以自拔，两种不同的选择最终将得出两种不同的结果。

对于那些能够刻苦努力去奋斗的人来说，其心怀的美好梦想就是一幅展开的、在未来必定会得以实现的成功蓝图；而对于那些缺少勤奋精神的慵懒者来说，其心怀的美好梦想始终不过是短瞬激情和虚无缥缈的梦想罢了，唯有前者方可走上成功的阶梯。

对于周恩来来说，任何大事都是从注意小事入手这一格言是有一定道理的。他虽然亲自照料每棵树，也能够看到森林。

（美）尼克松

13. 务实：脚踏实地为腾飞蓄力

务实是指以实事求是、脚踏实地、扎扎实实的态度致力于事业的发展。做每件事都从实际出发，不好高骛远、弄虚作假、贪大求全，而是力求把事做稳、做实、做好。

走上成功的阶梯 有些看似非常之高的锦囊妙计，如果背离了当时的实际情况和需要，那么即使再高妙又有何用呢？若是问题得不到解决，谁还有颜面再去夸耀自己的主张呢？

有一群老鼠，昼伏夜出，觅食窃食，上窜下跳，甚是快活自在。忽一日，此地闯进来了只猫，结果第一晚就有 3 个鼠兄弟被其果腹。接下来的三两日里，群鼠每次出行都会遭遇猫的凶狠追捕，回来清点时，总会少几只鼠兄弟。于是，往昔的快乐盛景一去不复返，取而代之的是每只老鼠心头的恐惧和不安。

为了扭转这个困局，老鼠们便聚在一起商议对策。有只上了年纪的老鼠倚老卖老地说："我与猫打过 10 多年的交道，对付猫我很有经验。这猫一般在晚上有念经的嗜好，而且非常专心，对外界发生的一切都不理会，这就是我们消灭它的良机。届时，大伙只要一齐动手，就可以大获全胜。"众老鼠们听后一齐点头称是："这个主意实在是太好了！"

这时，另一只非常聪明的老鼠说："我们可以分成许多组，采用'车轮迂回'的战术，躲在暗处不停地去骚扰猫，让它东奔西跑忙个不停，直到就这样筋疲力尽倒地而死。"同样，这个主意也赢来一片喝彩声。

就这样，老鼠们群情激奋，不断地想出了许多对付猫的高妙招数来。其后几天，老鼠们一方面仍要受到猫的追捕，且天天都在减员；另一方面，老鼠们天天都在开会商议对策，继续寻找对付猫的妙计。

就这样不出半个月，当剩下最后 1 只老鼠时，它才幡然醒悟：我们曾制定了那么多计划，可就是没有鼠去执行，结果到头来就剩下我 1 个了！

走向成功的分析　这群老鼠遇到了天敌，为了摆脱危急的局面，它们齐聚洞里集思广益，认真商量着如何去对付强大的猫。它们非常聪明，毫不费力地想出了很多好办法，从这些妙计上看，那只猫马上就要遇到倒霉事了。但是，老鼠们却没有去执行任何一条对策，尽管它们的数量在不断地减少，但始终没有任何一只老鼠用务实的态度去向猫挑战，仅是回到洞里不停地商议计策。你一定很清楚，这种发生在猫与鼠之间的事情，其实深刻反映着务实的意义。务实对你也是很重要的。你在为自己制定学习、工作计划时，务必从自身实际出发来考虑和安排，既不要定得过高，也不要定得过低，这样才会对自己起到切实的督促作用。当你坚持一切都从实际出发，实事求是地行动时，你在成功之路上便不会轻易误入歧途。

走上成功的阶梯　生活要求人们在前进的同时，不断回头盘点，看看在忙忙碌碌的日子里，哪些事情是必要的，哪些又是完全可以不加理会的。然后，果断地将无益之事全部抛弃，把有益之事凸显出来，这也是一种务实！

急躁也是务实的天敌，而一个务实的人绝不会养成遇事激动、不思而行、无备而动的不良习惯。

在非洲草原上，有一种不起眼的动物叫吸血蝙蝠。它身体极小，却是强大的野马的天敌，因为前者非常务实，而后者则恰恰相反。

这种蝙蝠在攻击野马时，常会紧附在野马的大腿上，用锋利的牙齿刺破其皮肤，然后用尖尖的嘴去吸血。这时野马便会焦躁不安、上蹿下跳，并不住狂奔，想以此来驱逐附在身上的蝙蝠。可蝙蝠却始终从容地附在马腿上吸血，直至吸饱满意飞去，而野马却常在暴怒、狂奔及流血中死去。

动物学家们在分析这一现象时，一致认为吸血蝙蝠所吸的血量对于野马来说是微不足道的，远不至于致其于死地。而野马死亡的真正原因，也并非失血，而是由它暴怒的习性和狂奔不止的行为所导致的。

在现实生活中，有时将人们击垮的并不是那些大灾难，而是我们没有特别留意的冲动急躁的性情。当人们缺少了务实的精神，就会把大部分时间和精力消耗在无节制的情绪波动和琐碎杂事之中，最终使自己一事无成。

走向成功的分析　蝙蝠在从容地吸着马血，而野马却在暴怒地疯狂发泄。前者因务实而稳定，充分地享有自己的收益；后者因激动而急躁，无谓地消耗着自己的肌体。这样的一幅画面，鲜活地为我们展示了务实与急躁之间的对照。你在实践中，当然要去行使"蝙蝠式"的务实，而不能去效仿"野马式"的急躁。千万不要因为竞争对手比自己强就急躁不安，像匹野马似的目标不明、乱闯一番。对于你所认准的事情、你擅长的事情，都要力争把它们做实、做好；对于你拿不准的事情、属于你短项的事情，最好还是先放一放，待条件成熟或改善之后，再着手去做，这样一来会更务实也更容易取得成功。

走上成功的阶梯　人们在做事时，应该先将次要事物放在一边，集中精力做好最重要的。这种专心致志的态度会让你的心灵得以满足，如此务实地做下去，当完成所有的任务时，你定会因为成功而享受这段美好而快乐的时光。

人生梦想就如同一座超市，尽管其中堆满了各种美好的理想，但是最终能实现的，却仅仅是其中的一个或几个。因为，最终得以"购物买单"的唯一通道只有务实。

下面是位信念执着、态度虔诚的教徒的墓志铭：

少年时意气风发、踌躇满志，曾经梦想要改变世界。

当年事渐长阅历增多，却发觉自我无力改变世界，于是便缩小梦想范围，决定先来改变国家。

步入中年随着岁月迁移，再次发现自我无力改变国家，这个梦想还是太过于大了。无奈之际，便将试图改变的对象锁定在最为亲密的家人身上。

但是上天还是不遂人愿，家人们个个仍然维持着自己的原样。

垂老时终于顿悟：本应该先去改变自我，再以此方式去影响家人，若能成为家人的榜样，接着也许就能改变国家，再后来甚至可以改变整个世界。

这块碑文记载了此人的毕生心愿与经历，人们可以看出他所遇到人生失意的关键之处，均是缘于缺乏务实的精神和态度。

走向成功的分析　非常不幸的是，这段碑文所记载的是它的主人对于务实失败所进行的总结和忏悔。他也曾意气风发，想做出足以震惊寰球的大事；他也曾底气十足，想着为国效力，万古流芳；他也曾信誓旦旦，想带动家人改变面貌。他的这些人生期望的出发点都是好的，可惜脱离了力所能及的实际情况，故而总是遭遇失望，并不得不一而再、再而三地去修正或降低自己的期望值，到头来只留给后人一段值得深思的借鉴。在确定人生目标时必须本着务实的心态，要意识到追求成功并非空中楼阁式的梦幻，也并非痴人说梦般的空谈，而应该建立在现实的基础之上，并且还要把这些目标分解为短期、中期和长期等不同阶段，只有如此方可使其逐步得以实现。而那种漫无边际、不切实际的目标，除了让人产生更多的失望外，不可能带来任何收获。

走上成功的阶梯　有的人可能会用多种语言说出"马"这个名词，但是这并不表明他对马就十分熟悉，或许他还会搞出前去买马而牵回驴的大笑话来。在人生的赌局中真正的赢家并不是虚无地苦等感觉到来，而是以务实的行动去引导出真实的感觉。

在某座教堂里，有一尊真人大小的耶稣受难像。来这里祈祷的教徒特别多，教堂的看门人见十字架上的耶稣每天都要应付这么多人的要求，便动了恻隐之心，想替耶稣分担辛苦。

这天在祈祷时，他再次向耶稣表明了自己的虔诚心愿。突然，他听到一个声音在说："这很好！我来为你看门，你来钉在十字架上。但是，不论你看到什么或听到什么，都不能开口说话。"看门人觉得这个要求很简单，就和耶稣互换了位置。他被钉在十字架上后，如约静默不语，专心聆听教徒们的心声。

来祈祷的人仍络绎不绝，他们的那些祈求，听上去有的合理，有的并不合理，千奇百怪不一而足。但是，他牢记耶稣的告诫始终一言不发，严格遵守自己的承诺。

有一天，进来一位富商模样的教徒，当他祈祷完转身离开时，不小心将钱袋遗落在了教堂里。看门人在十字架上看得十分清楚，真想叫住商人，但是生生将已到嘴边的话憋了回去。接着，进来一位破衣烂衫的穷苦教徒，他祈祷耶稣能帮助他渡过难关。当他转身离去时，发现了商人遗落下的钱袋。这让他惊喜万分，心想耶稣真好果然是有求必应！于是就拿起钱袋走了。而十字架上的看门人将这一切全看在眼里，真想告诉他这袋钱本不是给他的，但因事先有约所以只得硬憋着不能开口说出。紧接着，又进来一位将要出海远航的年轻教徒，他祈祷耶稣把平安降福于他。正当他要转身离去时，先前那个富商教徒冲了进来，抓住年轻教徒的衣襟，高声呵斥着让他归还自己丢失的钱袋。年轻教徒被人莫名冤枉，就与其争执起来。

这时，十字架上的看门人再也忍不住了，遂开口道出了这件事情的原委。既然事实都已清楚，富商教徒便出去寻找那位穷苦教徒，而年轻教徒也匆匆离开了。

这时，耶稣出现了，他对着十字架说："看门人你下来吧！你已经没有资格再留在这个位置上了。"看门人说："我把真相说出来，为他们主持公道，这难道不对吗？"

耶稣说道："你的失误正在于此！其实那位富商并不缺钱，他甚至任意挥霍钱财，那袋钱对他来说根本不算什么；可是对于那位穷人来说，那袋钱却非同小可，甚至还可挽救他一家大小的生命；最可悲的还是那位年轻人，如果他与富商一直纠缠下去，延误出海的时间，兴许他还能保全性命，而现在，他所搭乘的那艘船已遭遇不幸正在沉入海中。"

听完耶稣的这番话，看门人从十字架上走了下来，默默地返回了自己原来的岗位。

在现实生活中，人们常常自以为是，认为自己处理问题的办法是最完美的，但事实往往事与愿违。所以，人们必须以务实的心态明了：目前自己所经历的不论是顺境还是逆境，皆是命运的安排与人生真实的际遇，不可脱离实际去追求所谓的十全十美。

走向成功的分析　看门人心地善良，他以耶稣的视角体会人们的心愿，虽然不能开口表达，但内心却始终感慨万千。由于他与耶稣所处的层次不同，感悟也与本份存在着差距，所以他的好心没有用在适宜的地方，阴差阳错的结果也使他懊悔不已。在人生的发展中，你会经历不同的阶段。为了适应这些阶段你需要及时调整自己，根据实际情况确定思路和方法。你若能做到这一点，就会像一位智者曾经说的那样：境遇改变，你的心跟着改变；心若改变，你的态度跟着改变；态度改变，你的习惯跟着改变；习惯改变，你的性格跟着改变；性格改变，你的人生跟着改变。在顺境中你要学会感恩，在逆境中你要心存希望，这一切的最后落脚点皆体现在两个字上：务实！

走向成功的感悟

确立务实的人生目标，是走向成功的重要条件。

人们处理事情必须以现实为出发点，既然不能像孙行者一样翻个筋斗便可上到天界而脱离现世，那么就必须抱着务实的态度去行事。在遇到头绪繁多的事情时，应该先集中精力处理好主要问题，将其他事件暂放一边，别让这些事件分散你的注意力，阻碍你完成目标。专心致志到会让你的心灵得到满足，你若能始终务实地做下去，当完成所有任务后，那段充实且高效的时光会让你难于忘怀。

机遇总是伪装成忍无可忍的绝境悄然降临，你会搬出一千条理由为自己不能克服困难作解释，这其中任何一条理由都足以击败你——如果你允许它存在的话。

（美）哈维·麦凯

14. 机遇：天不再与，时不久留

机遇是指具有时间性的机会，在人们的日常生活中，总是或明显或隐晦地存在着，足以使人在当前或今后获取成功。当人们抓住了这样的机会，便可能实现某种目标。对于每个人而言机遇都是平等的，但并不是每个人都能及时准确地抓住它。

走上成功的阶梯　印度前总统尼赫鲁曾说过："人生就像是在玩扑克，发到的那手牌是定了的，但你的打法却取决于你的意志。"所以，在面对问题时，怨天尤人是没有用的，必须积极调整心态，勇敢面对这些挑战，善于抓住每个机遇，尽最大努力做好每件事情，这才是人生的最佳选择。

　　有人说人生如戏，这是个恰当的比喻。其实在这场人生游戏中，每个人都将扮演一定的角色，且不论演技是好是坏都必须用心演下去，并随时还要去寻找机遇，以便能够更完全地施展才华与实现自我。

　　年轻时的艾森豪威尔脾气相当急躁，做任何事情总是缺少足够的耐心，动辄便会瞪圆眼睛大喊大叫。他们一家人总喜欢在晚餐后聚在一起聊天，玩纸牌游戏，权当是个消遣。有天晚饭后，艾森豪威尔像往常那样同家人一起打牌。不知是怎的，这天他的运气背透顶了，拿到手上的牌总是非常的差。开始他还能忍耐着仅是说几句抱怨之词，但到了后来，他实在忍无可忍了，便发起了脾气，愤怒地将手中的牌扔掉不再打了。此刻，坐在旁边观看的母亲有些看不下去了，便轻声对他说："你既然要打牌，就不管它们是好是坏，必须将手中的牌打完。如果只能打好牌却不能打坏牌，那么你便不可能碰上好运气！"艾森豪威尔对此并没有全听进去，依然愤愤不平。

　　母亲见状又接着说："实际上人生就和这打牌是同样的道理，不过发牌的人是上帝。不管你拿到的牌是好是坏你都必须接受，都必须挺身面对。你所能做的就是让自身浮躁的心情平静下来，然后以认真的态度努力去打好牌，力争使其达到最好的效果。也许后面还有机遇在等着你，把事情做完整，你的人生才会有意义！"

　　此后，艾森豪威尔始终牢记着母亲的这番话，并以此激励自己去积极进取，在遇到困难与不幸时从不急躁妄动，也不畏惧退缩。这就使得他能够抓住每次机遇，一步一个脚印地向前迈进，从士官生开始，后来成为中校、盟军统帅，最后一举登上了美国的总统之位。

走向成功的分析　艾森豪威尔通过打牌接受了教育，逐渐纠正了自己的坏脾气，结果将人生这手牌打得相当精彩，最终取得了巨大的成功。这是不是对你也很有启发呢？牌的好坏并非是决定性的因素，关键看你采取的是何种心态。如果拿到了好牌，但出牌的方法不对路，则局面不会好；如果拿到的牌一般，可是出牌的方法很对路，那就可能找到机遇，从而取得意想不到的好结果。

走上成功的阶梯　如果人们能够别具一格地审视事物，能够冲破传统看待事物，能够从新视角辨别是非，那么新的机遇兴许就会出现在身边，并让你深刻体会成功所带来的万分惊喜。

在巴黎的王宫花园里，有尊引人注目的大理石雕塑：维克多·雨果右手撑着太阳穴，半卧在那里凝眸沉思，神情肃穆庄重，但是走近细看就会发现他却是躺在一滩"污泥"之中。这便是法国著名雕塑家罗丹的精品之作。

对于这尊塑像的问世，还真有一段有趣的故事。

罗丹为了创作雨果的塑像，简直煞费苦心，最初的设计是以千姿百态的维纳斯和海洋仙女作为陪衬，烘托着站立在一块中央岩石顶部凝神思索的雨果。当这组雕像终于完成之后，罗丹带着满意的表情，前前后后左左右右地仔细端详了一番，然后擦去手上的泥，脱去工作服，小心翼翼地带上工作间的门回家休息去了。

第二天一早，有一大群记者闻讯找上门来，争相观看这位大师的最新杰作。罗丹虽然很不情愿被人打扰，但也架不住他们的软磨硬泡，于是带着他们去工作间观摩。不曾想，当众人走进工作间时，看到的却是另外的景象：那些雕塑成形的岩石有一部分已溶化了，流淌在海洋仙女周围；中央站立的维克多·雨果因此失去重心支撑而倒了下去，躺在一片泥浆之中。原来，罗丹在结束当天的工作之后，因为十分兴奋竟然忘了关工作室的天窗。结果，夜里一阵瓢泼大雨降落下来，正好全都浇在没有干透的塑像之上……

此刻，罗丹就像遭到了当头一棒般，脑袋嗡的一声就完全陷入绝望之中。就在他逐渐恢复意识的时候，却听到周围的新闻记者在那里交头接耳，赞不绝口，"这真是太奇妙了！真是出奇制胜！真是妙极啦！维克多·雨果淹没在这滩烂泥浆里，其含义该是何等的深刻呀！这正是大师画龙点睛的高妙之处，他是想表现在这个污秽混浊的时代里，惟有诗人维克多·雨果的灵魂出污泥而不染，保持着独有的清纯与高洁。"

罗丹听着听着，不觉眼前一亮。于是，他便眯起眼睛重新审视这件似曾相识的陌生作品。而这次在他的眼睛里，仙女身上的那些泥浆，则变成了层叠起伏的柔美绢纱……

他突然问身边那个最后的赞扬者："您真是这样看的吗？"

赞扬者则反问道："怎么了？这难道不算是杰作中的杰作吗？大师，这座雕塑到现在已经是一笔多不得、一笔少不了的精致作品了，完全不需要再去做丝毫改动了。"

走向成功的分析　由于意外事故，罗丹的倾情杰作被部分毁坏了，这对于罗丹来说应该算是沉重的一击。但就是在这个时候，记者却从不同的视角来看待这个不幸，他们在为雨水冲刷的痕迹而赞叹，认为这才是鬼斧神工的杰作。你是否已经明白，既然精品可在毁坏中诞生，那么机遇也会在不幸中出现。在你遭遇的偶然事件中，也必然存在还没有被你意识到的机遇。当你具有了这样的意识之后，机遇的小尾巴便总会在你眼前晃悠。你应该不断地去修正自我的人生价值，使自己能够抓住更多的机遇，从而向着完整的方向去努力。面对已经取得的成绩，要有正确的处置方式，不要把其作为包袱背起来，就如人们所说的"满招损，谦受益"。你看这里所指的"受益"不也包含着某种机遇吗？

走上成功的阶梯　在实现理想的过程中，总会遇到一些侥幸的境遇。而有时侥幸心理被稍加美化，就有可能转变成为理想。试想任何人之所以能够来到这大千世界，不恰恰起因于偶然吗？没有偶然就没有侥幸，而没有侥幸因素的参与，成功的旅途就更加崎岖曲折。

有个美国人从事沉船寻宝工作，数年探宝都未见大的成效，日子一直过得平淡无奇。

有一天，他正在公园散步，突然见到一只高尔夫球，他抬头看时，发现因为附近高尔夫球场的打球者动作失误，有些高尔夫球掉进了公园的湖水中。出于海底探宝的职业习惯，他冥冥之中看到有个机会正来到身边。

他迅速返回家中取来行头，直接潜入湖底。透过绿色的湖水，他惊讶地看到不知从何时起湖底已经散落堆积了成千上万只高尔夫球，而这些球大部分都跟新的没什么差别。当他把这个消息告诉球场经理后，对方答应以10美分1只的价钱收购这些湖底的球。于是他开始打捞，每天能捞出2000多只，卖得的钱相当于1周的薪水。

后来，他又想到如果将这些球变成新球出卖，不是会赚到更多的钱吗？于是他把球从湖里捞出来后，让雇工们洗净，并重新喷漆包装好，按新球价格的一半对外出售，这又让他大捞了一笔。

再后来，其他的潜水员也闻讯而来，眼看着从事这项工作的人多了起来，这位潜水员就干脆从这些潜水员手中收购他们捞出的球。这样，每天都有8万到10万只旧高尔夫球被送到他的公司里，公司全年总收入达到了800多万美元。

对于掉入湖中的高尔夫球，在他人看来可能只代表沮丧和失败，但是在这位海底寻宝者眼中，却是机遇。正如他所说，他是从别人的失误中，获得了这个千载难逢的良机。

走向成功的分析　这位潜水员非常幸运，他独到的职业眼光和精深的水下功夫，成为他探宝的高效工具，因此他所打捞出来的不仅仅是可以赚钱的高尔夫球，更是他从此走向成功的绝好机遇。俗话说好事成双，当他得到这一机遇后，人似乎变得聪明起来，立即识别到了更多的机遇，使自己的收益成倍地增加。人们处于不同的境遇、不同的职业、不同的层次，对机遇的理解和需求也是不同的，但是对于机遇与成功的渴求却是相同的。你要是遇到这番情景，能否像潜水员那样不轻易放过任何机遇，及时审视与思考，并将其留在身边呢？你可能也遇到过类似的情景，但一些困难却让你犹豫不决，你要是选择了放弃，那么这个心愿就会从此石沉大海杳无音信。而你若是坚守自己的意愿，那么迟早你会发现那难得一见的"机遇精灵"就被撞晕在你所站立的大树旁。

走上成功的阶梯 机遇有时就像绵绵细雨过后，隐逸在草丛腐叶下的新生松蘑，当你不经意地掀开遮挡物时，便会十分惊喜地发现意外的收获。

有对新婚夫妻前往菲律宾蜜月旅行。有一天他们去当地的跳蚤市场闲逛，无意中发现有种旅游纪念品很受欢迎。这种纪念品其实是生长在热带海洋中的雌雄小虾，它们自幼爬进石缝中成长，长大后却因无法走出石缝，就终生同居于石缝中。这种纪念品很便宜，最贵的也不超过 1 美元。

于是，夫妻二人便一口气买下了十几对这种纪念品，并让商家用十分精美的包装盒装好，带回了国内。夫妻二人把这些纪念品送给了亲朋好友，亲友收到礼物不仅万分欣喜，还向他们打听这种东西是在何处买的。

夫妻二人见此物如此受欢迎，就抓紧时间专程从菲律宾进口了一大批，然后以"偕老同穴"为其命名，并选用了反映中国传统文化的精美包装，开专营店对外出售。结婚多年的夫妇认为"偕老同穴"能够让爱情更加甜蜜持久；新婚夫妇认为"偕老同穴"能给自己的爱情带来好运；没有结婚的人，也会将其作为最佳礼物送给将要结婚的亲朋好友。如此一来，市场反应十分火爆，常常是供不应求。最后，这种纪念品竟然因供不应求，被炒到了天价。

这对夫妻的成功，既非商品工艺复杂，也非高成本投入，而是因为看准了其中潜在的商业机遇，抓准了赚钱的时机，所以取得了十分丰厚的回报。前往菲律宾观光旅游的人成千上万，相信看到"雌雄虾"的人也绝非少数，唯独这对夫妻能在常人发现的基础上，进一步产生更为独到的发现，然后非常果断与及时地行动起来，而最终把这个机遇牢牢抓在了自己的手中。

走向成功的分析　雌雄虾本是并不很起眼的小礼品，但是其隐含的文化价值却是极高的。这对夫妻出于新婚之情，对这个文化价值产生浓厚兴趣，继而通过亲友的反馈，意识到这与中国家庭传统文化正好十分符合，当他们将这一切因素融合在一起时，机遇便如期而至。在绝大多数情况下，机遇总是相对于需求而出现的，有时更需要"对接"与"搭桥"。这就是为什么同样面对机遇，有人能够抢先抓住，而有人却只能埋怨条件不成熟。所以，你在利用机遇之前一定要用心把那座"桥"先架好。

走向成功的感悟

人生的完整性在于知道如何面对人生困境而奋力搏击，知道如何勇敢摒弃幻想而不留遗憾，知道如何弥补自身缺陷而日臻完美。若是具备了如此心态，又何愁机遇不出现呢？

许多人怀疑自己是否会成功，怀疑自己是否有足够的聪明和能力，怀疑环境对自己是否没有阻力……但是，你要知道，怀疑只能使你停顿不前，虚度了时间，消耗了精力。而唯有坚强信念，朝准目标，一步一步向前进行的人，才会达到目的。

（法）罗曼·罗兰

去伪存真

15. 鉴别：明察秋毫寻蛛丝马迹

鉴别是指对事物的真假、好坏等进行审察辨别。凡事都有其发生、发展、结束的过程，这其中来龙去脉都需要查明，主次好坏都需要分清。

走上成功的阶梯 目光短浅是人的致命缺陷，有时再向前迈出半步，或许就能大获成功。可是没有鉴别能力与长远眼光的人，却对其视而不见，那么最终结果当然不言而喻了。

对既得利益与长远利益的选择，常会因为人的鉴别能力不同，而产生截然不同的结果。

有位仁慈的智者，见到两个处于饥饿绝境的人，动了恻隐之心，特意为他们准备了聊以解困的恩赐：1根鱼竿和一篓鲜活肥美的鱼，并让两人各自挑选其中一件。其中，甲抢先要去了那一篓鱼，乙无奈则要了那根鱼竿。

得到鱼的甲哪儿也不去，就在原地用干柴搭起篝火煮鱼吃。只见他狼吞虎咽，还没品出鱼的味道，就连鱼汤也吃了个精光。几天之后，他便怀抱着空空的鱼篓饿死了。

得到鱼竿的乙则继续忍饥挨饿，步履艰辛地向大海的方向行进，可是当他历经万难终于看到不远处的海水时，浑身上下却没有一点力气了，只能带着无限遗憾撒手人寰。

又有两个处于饥饿绝境的人，同样得到了仁慈智者的恩赐：仍然是一根鱼竿和一篓肥美的活鱼。当这两人各自挑选了其中一件后，一起商定共同去寻找大海。

在艰辛的旅途中，他俩每次只煮一条鱼分着吃，这样一篓鱼就可维持较长的时间，使得他们能够有气力跋涉遥远的路程。这天，他们终于来到了大海边，从此开始了捕鱼为生的日子。几年之后，他们用捕鱼换来的钱盖起了房子，并有了各自的家庭、子女，有了自己的渔船，过上了幸福安康的生活。

那些只顾眼前利益的人，由于目光短浅无力鉴别时势发展，因此得到的仅是短暂的满足与瞬间的欢愉。而目光长远、有能力鉴别时势发展的人，才会克服眼前的困境并求得最终的发展。

走向成功的分析　面对困境如何摆脱，关键在于能不能从中鉴别出正确的发展方向和发展方式。若是鉴别准确无误，则人生之路便会越走越宽广；而若是鉴别失误，则会付出代价甚至走入绝境。在确定自身的人生目标时，你既要志存高远，也要讲求实际，你所认定的理想应该和你所在的实际有机结合起来，如此才有可能成为成功之士。

走上成功的阶梯　即使是很聪明的人，也会有失误的时候。人们处在千变万化的事物运动过程中，稍有不慎便会走入岔路，从而阻碍了目标的实现。

人们之所以常常需要对事物进行深入鉴别，是因为有些事物的表面现象，并非代表着其本质所在。如果人们忽视这一点，仅凭表面现象来认定和处理事物，便会引起极为荒谬的结果。

孔子的某位学生为大家准备晚餐，他在煮粥时见到有些脏东西掉进锅里，于是就赶紧用汤勺把它捞起来。当他正要将其倒掉时，忽然想到老师孔子的谆谆教诲，这眼前的每粒米都来之不易，于是就挑出勺中的脏东西，而把剩下的米粒吃进了肚子。

说来也巧，孔子正在这时走进厨房查问晚饭准备情况，这位学生刚才那一幕都被他看进了眼里。他便以私下偷吃食物为由，狠狠地把这个学生训斥了一顿，其他学生也都前来围观。这位学生待孔子把怒火发泄完之后，才一五一十地把事情的原委作了交代，大家听后恍然大悟，孔子也面带愧色地说："你们看，连我亲眼所见的事情也不确定，更何况那些道听途说之言论呢？所以，你们今后遇事一定要仔细鉴别，切不可妄断。"

走向成功的分析　孔子的事例，在今天看来也是屡见不鲜的。有时即使是亲眼所见也未必就是事物的真相，所以对事物进行鉴别尤显重要。在没有真正找出事情的真相之前，千万不要轻易传言，也不能过分偏信亲眼所见，这样你才能很好地鉴别事物，找到问题的关键。另外，每个人都可能会犯错误，但关键在于犯错后及时改正并引以为戒。你在成长过程中也常会犯错误，但是经过多次知错改过的重要经历，你便会逐渐学会如何鉴别是非曲直，从而不断走向成熟。

走上成功的阶梯　鉴别不能只从某个方向或单一方面进行，因为这样做会以点概面、有失偏颇而抓不住问题的实质，使得解决问题的能力大打折扣。

有一天，动物园的管理员们发现有几只调皮的袋鼠从笼中跑了出来。于是，大家便聚在一起商讨对策。经过商议大家一致认为，这几只袋鼠之所以能跑出笼子，是因为笼子的高度不够，而袋鼠的跳跃能力是很惊人的。所以，他们便按决策将笼子高度由原来的3米加高到了6米。

结果第二天，他们仍然发现那几只袋鼠悠闲自得地在满动物园散步。于是，大家觉得笼子的高度还不够，便立即又将高度加高到了9米。

谁知，没隔几天大家居然又看到袋鼠跑到笼外了。于是，管理员们决定一不做二不休，将笼子的高度又增加了很多很多。

　　这天，长颈鹿和它的邻居——那几只袋鼠在一起闲聊。长颈鹿问道："你们猜猜看，这些管理员会不会再继续增加你们笼子的高度？"

　　袋鼠说："这很难说。如果他们再继续忘记关笼门的话。"

　　其实，在现实中很多人不也是如此吗？只知道就事论事，却从不对其进行仔细鉴别，当然也就抓不住问题的实质了。

　　走向成功的分析　管理员鉴别错误，着实让袋鼠们自由快乐了不少日子。当然，管理员们也很积极地处理此事，问题在于他们搞错了方向，没有解决问题的关键：关紧袋鼠笼子的门。你在遇到非常棘手的问题时，是不是也应该先使自己静下心来，对所面临的形势与事物的特点进行仔细的鉴别，从中找到突破问题关键的环节，然后沿着正确的方向，有效地解决问题。在这个故事里你要得到的启示是：鉴别能力可以让你看清事物发生及发展的本质，从而获得解决问题正确途径。

　　走上成功的阶梯　在处理人与人之间的关系时，需要我们进行鉴别的是：哪些因素将会导致双方产生矛盾或关系紧张，哪些因素将可以实现互惠与双赢，只有把这些问题划分清楚，才有可能有效地处理问题。

　　在现实生活中修路，是为了方便人们行走；而在人心中"修路"，则是为了方便人们交流。

曾业绩辉煌而蜚声世界的美国石油大王哈默，在其获得巨大成功前，还曾有过一段不幸的逃难经历。有年冬天，年轻的哈默跟随同伴，辗转流亡到美国南加州一个叫霍尔逊的小镇上。在那儿，哈默结识了善良的镇长杰克逊。

有一天霪雨霏霏，镇长家门前花圃旁的那条小路，被踩成了一片泥淖地。于是路人干脆直接从花圃里穿行而过，弄得花圃里面一片狼藉。哈默见状，不由得替镇长心痛惋惜，便不顾寒雨淋身，独自站在雨中看护花圃，让行人仍从泥泞小路上通过。

不久之后，哈默见镇长回来了，但肩上却多了一担煤渣。正当哈默对此疑惑不解时，镇长卸下担子，把煤渣全都仔细地铺在了那条泥淖的小路之上。结果，再也没有人从花圃里穿行而过了。

看到这一情况，镇长意味深长地对哈默说："你看，我去热心地关照他人，实际上也是在关照自己，这又有何不好呢？"

走向成功的分析　鉴别能力与人们的修养和心态紧密相关，哈默与镇长都在为同一件事操心，但是他们的举动和最终效果却有所区别，这表明鉴别能力强弱与否是取决于人们的修养与心态的。哈默是以自身的监督，来促成对花圃的保护；而镇长则是动手修路，通过方便众人来维护花圃的。如果哈默不再站在那里监督，人们还会图方便从花圃中间走过。而镇长把路修好后，人们就不再经由花圃穿行了。对于事物的矛盾进行正确的区分与鉴别时，你也会面临如何做出正确抉择的问题。不过，你的抉择最好多些类似镇长的做法，而少些类似哈默的做法。

走上成功的阶梯　换位思考是种很好的鉴别方法，站在对方的立场，从对方的视角来看待问题，就能发现原先想不到的因素，如此再去处理问题，便会更加合理与稳妥了。

在某个自然生态保护区，不仅有众多奇花异草，也生活着很多珍稀动物，由于受到良好保护，所以这里的动植物都繁衍生活得很有规律。为了扩大保护区的范围，为生态环境保护做出更多贡献，保护区管理人员研究决定在此修建一座野生动植物园，通过吸引民众参观获得资金，然后投入到保护区更大范围的开发建设中去。

管理者们专门举办了研讨会，通过集思广益大家一致认为，这里的珍稀老虎应列为重中之重，因为老虎的加入可以使得动物园观赏价值得以倍增。但是，关键在于怎样去捉住老虎，因为这里毕竟是深山老林，对老虎的捕捉、驯化饲养、人工繁殖等均存在很多难点，搞不好就会导致老虎数量锐减的恶果。所以，大家从各种不同角度进行考虑，纷纷提出各自的建议。说来说去，人们总感到这些建议都存有不足，很难令人满意。

这时，有位学者站起来说："大家所谈到的都是要如何把老虎关进笼子里的思路，这的确不是件容易的事。但是，若是把人关进笼子里，老虎面临的难题不就迎刃而解了吗？"

所有在场的人听到如此言论，都是丈二和尚摸不着头脑，学者就为自己的思考做了深入的陈述。他说这是个变换原理：就是把笼子的内部视为外部，而把笼子外部看成是内部，这样不管老虎身处哪里皆处于野生状态，而观光的人们则乘坐专用观光车，深入到保护区来观看老虎。听到这里，众人恍然大悟，不禁连连拍手称妙。于是，由这个奇特的思路所产生的想法，催生出了世界上第一个天然野生动植物园。在这里，老虎和其它野兽均在自然环境下生存，而参观者们则被"关"进了活动的"笼子"，在野生动物近旁穿梭游览。

走向成功的分析　在建立野生动植物园的设想中，如何达到既有效保护老虎生存繁衍又让民众更自然地接近而大饱眼福的目标，彼此间存在着不可调和的矛盾，似乎成为一道不太容易解决的难题。专家在此刻却反其道而思之，把人和虎在笼子内外进行位置调换，令难题迎刃而解。你不要轻视进行鉴别时的这种反向思维，也应该试着去做做，说不定也会取到意外的收获。一方面你要遵从传统的经验去行事，另一方面你也要冲破这些经验的局限，以全新的视角来分析和处理事物，这样便会提高自己的能力，并得到更多成功的机会。

走向成功的感悟

人们面对错综复杂、变化多端、混沌迷离的情况时，完全能够借用鉴别之法给予抗衡，使自己从容自如地应对困境，高效稳妥地解决问题。

凡事有失必有得，有得必有失，做这样的选择时，需要我们用心鉴别，权衡轻重。

最聪明的人不是那些对事物表面一掠而过的人，而是对事物进行深入、勤奋、刻苦地思考的人，他们爱探索的头脑不能阻止自己。

（西班牙）玖恩·维夫斯

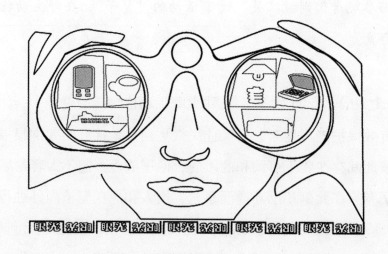

16. 眼光:眼光长度决定人生界限

眼光是指人们对人对事所持有的认识和鉴别能力，亦指人生处事态度的取向。眼光有深邃和浅显、明晰和模糊、远大和短小之分，有眼光的人，说话办事自然处处到位。

走上成功的阶梯 爱情是人世间最为甜蜜美好的情感，可是人们在面对时，却不一定都能够品尝到其中的甜美。有关爱情的那些甜酸苦辣的因缘，均是在发生之初就大致已被明确下来，这其中，人们眼光的长远起到了决定性的作用。

在某个家庭宴会上，女主人花夫人正在和一位优秀年轻艺术家热烈而愉快地交谈着。

已是人到中年的花夫人依然非常娇美，穿着打扮别致新潮，言谈举止端庄高雅。她见年轻人对这幅画很感兴趣，就说："我一直想得到这幅画，于是我丈夫专门为我买了回来。"年轻人美慕地说："夫人，您真幸运，不光对艺术有非凡的鉴赏力，还有一位支持您的丈夫。"花夫人望着年轻人笑了笑说："幸运谈不上。我只是觉得对于珍品，应该以自己的眼光去选择才是最重要的。"

"其实，我曾经历过的情感就是最好的证明。"年轻艺人用疑惑的神情注视着花夫人，揶揄地问道："那么，成为拥有许多财富的贵妇人，也是你当初的选择吗？"

花夫人眼中浮现出眷恋之情，开口答道："也可以这样说吧。对于这样的选择，我是在15年前遇到的，那时我还是一个学生，花容月貌，同时有两个男人爱上了我。这两人当中，一位是学艺术的穷学生，但他浪漫可爱。他倾心于我，我也非常爱他。另一位是大富商的儿子，他处事非常精明，看上去似乎前程不可限量，且外表也称得上是美男子，他也非常倾心于我。"

年轻艺人听到这里兴趣陡增，赶紧追问道："那么您是如何选择的，一定异常困难吧？"

花夫人说道："谁说不是呀！我要么选择家贫如洗、生活凄苦、身份平俗的普通市民，但可以拥有真挚的爱情；要么选择富足无忧，时髦新潮，住高档别墅，融入富有阶层，也可得到一份狂热的爱情……哎，您说要是天下之事都能两全其美就好了。"

就在花夫人要向年轻艺人说出最后的结果时，一位仪表堂堂的先生向这边径直走来，花夫人即向年轻人介绍说这是自己的丈夫。

在与客人客套了几句后，花先生俯身对花夫人说："亲爱的，今天我又碰见可怜的杰克了，我又借给了他一些钱。"花夫人则会意地对丈夫说道："亲爱的，谢谢您，您做得非常对。"

花先生稍坐了一会儿，便起身离去了。

这时，花夫人对年轻艺人感叹道："这可怜的杰克。我想你已经是猜到了，他就是当年两个追求者中的另一个。我们夫妻现在经常接济他，以便应付他那拮据的生活。"年轻艺人非常钦佩地说："夫人，您昔日的经历、过去的选择及如今的举动真的非常令人感动和由衷佩服。"花夫人并不为之动容，随口说道："我和我丈夫经常去关照这位老朋友，不论工作多忙都是如此。"年轻艺人这时心想：兴许她丈夫是受到富贵家庭的影响，而建树了良好的品行吧。

花夫人又一次猜透了年轻艺人的心思，对他说："哦，我还没有跟您说，我当年所选择的丈夫，就是那位学艺术的无比浪漫的穷学生。"年轻艺人听到这里，以万分信服的眼光看着花夫人说："夫人，我现在真的弄明白了，我可以从您的选择中看出，您真是好眼力呀。"

走向成功的分析　这位夫人喜爱艺术，并会用自己的眼光鉴别佳作。她对于自己爱情的选择也是如此，她并不以金钱去体味爱情的甜蜜，也不以名利来衡量爱情的分量，而是将真挚、热烈、长久的真爱作为情感的试金石。你在进行爱情抉择时，究竟会将眼光放在何方，会从怎样的视角看待爱情，就决定了此生爱情将会给你带来什么及你将体味到怎样的爱情滋味。

走上成功的阶梯　好眼力都是在实践风浪中练就与形成的，眼光是识别与判明事物本质的显微镜，眼光也是感悟人生哲理的望远镜，因此谁拥有了好眼力，谁就会把握好自己的人生，而去收获更多的成功。

眼睛是观察世界的心灵窗口，眼光则是品味把握事物的心灵聚焦镜。眼睛所看到的大多是事物的表面，而眼光所觉察的是事物的本质和内在特点，前者在于看，后者精于察。

有座寺庙，香火很旺。在寺庙的横梁上有蜘蛛结了张网，由于久经香火熏陶，便逐渐地也就带有了佛性。

有一天，佛祖光临这座寺庙，见到此处香火甚旺便十分高兴。当行将离开时他发现了梁上的蜘蛛，于是便停下来问道："你我相遇也算有缘，既然你已修炼这么多年，那我就想看看你具有何等的真知灼见。你说说世间何物才是最珍贵的。"蜘蛛想了想答道："世间最珍贵的是'得不到'和'已失去'。"佛祖听之，点头无语，转身离去了。

又过了百年光景。有一天刮起大风，将一滴露珠吹落到蜘蛛网上，蜘蛛望着晶莹透亮的露珠，顿时萌生喜爱之意。于是，蜘蛛每天都很开心地看着、守护着露珠，觉得这是最开心的时刻。又一天，突然又刮起大风将露珠吹走了，这使得蜘蛛非常难过。这时，佛祖又出现并再次问蜘蛛："这百年里，你可曾好好想过我提出的问题?"蜘蛛联想到露珠的事，回答依然如前："世间最珍贵的是'得不到'和'已失去'。"佛祖听后便说："既然你还这样认为，那就到人间去走一遭吧，再好好地去体会一下。"

这样，蜘蛛便投胎来到某官宦家庭成了富家小姐，取名叫珠儿。时光一晃，珠儿就16岁了，并出落成婀娜多姿的少女，面貌俊美，楚楚动人。有日，皇帝在皇宫为新科状元露珠摆宴庆贺，有许多妙龄女子前去赴宴，其中就有珠儿和皇帝的女儿长风公主。

状元郎露珠即席咏词做诗，才华横溢，在场少女无不为之倾心。珠儿也是如此，她认为这是佛祖赐予她的美满姻缘。

过了些日子，珠儿陪同母亲到庙里进香，正好状元郎露珠也陪母亲而来。这种不期相遇，使得珠儿喜不自禁，便主动上前对露珠说："你记不记得16年前，在寺庙蜘蛛网上的事情？"露珠很诧异地说："这位姑娘，你人很漂亮，也讨人喜欢，但你的想象力未免太丰富了。"说罢，转身跟随母亲离去。

珠儿回到家中，心想佛祖既然安排了这场姻缘，为何不让露珠记起那件往事，他为何对我没有任何感觉？

几天之后，皇帝下诏，命新科状元露珠和自己的女儿长风公主完婚；同时命珠儿和自己的太子芝草完婚。这消息如同晴天霹雳，珠儿怎么也想不通，佛祖竟然是这般地戏弄于她。

接下来的几日里，珠儿不吃不喝，冥思苦想，灵魂即将出窍，生命危在旦夕。太子芝草得知后急忙赶来，面对着奄奄一息的珠儿说："那日在状元贺宴上，我对你一见钟情，所以苦苦恳求父亲，他才答应了这桩婚事。如果你死了，那我也不活了。"说着就要拔剑自刎。

这时佛祖现身，对着珠儿将要出窍的灵魂说："蜘蛛，你可曾想过露珠是由谁带到你那里的？是风将它带去的，也是风将它带走的，露珠原本就属于长风公主，他对于你不过是一段插曲而已。而太子芝草是当年寺庙前一棵小草，它十分敬仰和爱慕你，但你从没有低头看过它。蜘蛛，现在我问你世间何物才是最珍贵的。"蜘蛛听了这些真相后大彻大悟，于是赶紧对佛祖说："世间最珍贵的是把握住眼前的幸福。"刚说完这句话，佛祖就离开了。

此刻，珠儿的灵魂也回归了，她睁开眼睛，看到正要自刎的太子芝草，马上加以制止，并和太子紧紧相拥在一起。

走向成功的分析　经过一番痛苦的磨难，蜘蛛终于对世间最珍贵的东西大彻大悟。由此，它看问题的眼光也更为准确无误，更为注重实际了！什么都抵不上身边那些足可把握的幸福。因为，人们毕竟不是为未来与过去而活着，只要有了今天的存在，那些未得到的可以再去争取，那些已失去的转身越过，只要每一个今天都是幸福的，那么在你心中还会存有遗憾吗？你在面向过去与未来寻找幸福时，应该把自己的眼光适当放近些，适当放低些，别让太多的失望与奢望侵占你的心扉，也别让眼前那些唾手可得的幸福被随意丢弃，这样是不是就可以踏踏实实、轻轻松松走好人生的每一步。

走上成功的阶梯　与其成天地牢骚满腹怨天怨地在那里等待时机，倒不如放开眼界踊跃尝试，主动去寻找时机。

对于自身境遇常抱怨不平者，因为眼中皆是个人的委屈，所以就看不到任何机会，看不到任何光明。

有位青年人，老是在埋怨自己如何的时运不济，无论怎样努力也发不了财，终日里心事重重，愁眉不展。

　　这天，他正对着一棵树拳打脚踢，发泄着积蓄在心中的愤懑时，有个须发皆白的老人向他走过来，十分关心地问道："年轻人，是什么烦心事让你如此不快乐？"

　　青年人气愤地说："我就是不明白，为什么偏偏是我总这么穷。"

　　老人听后明白了他的心思，便做惊奇状说："穷？你不是很富有嘛！"

　　青年这时盯着老人那一副十分肯定的模样问道："您这是从何说起？不是在有意嘲弄我吧！"

　　老人则伸出一个指头问道："假如现在有人愿出千元，换你一个手指头，你干不干？"

　　青年人毫不犹豫地回答："不干。"

　　老人又伸出一只手问道："假如现在有人愿出万元，换你的一只手，你干不干？"

　　青年人仍是毫不犹疑地回答："不干。"

　　老人则又指着自己的双眼问道："假如现在有人愿出十万元，换你的双眼角膜，你干不干？"

　　青年人再次毫不犹疑地回答："不干。"

　　老人又指着自己的躯体问道："假如现在有人愿出百万元，换取你青春的脏腑器官，你干不干？"

　　青年人毫不犹疑地回答："不干。"

　　这时，老人感到火候已到，变换回笑吟吟的模样说："这就对了，你看实际你不是拥有着超过百万的财富吗？你为什么对此视而不见，守着财富总是空叹自己贫穷呢？"

青年此刻竟然无言以对，突然间似乎什么都明白了，脸上也随之浮现出久违的笑容。

走向成功的分析　这个忧心忡忡的青年，所看到的皆是外界的事物，认为自己一无所有，悲哀无比。通过和长者的对话，他开始看到自己也是个完好不缺的人，为什么不能把眼光盯在自己身上，看看自己能够从哪些事情做起，通过奋力搏击逐步走向成功呢？

走向成功的感悟

人们涉世处事的地位、方法、视角不同，就会产生截然不同的理念，对事物的认识也必然不同。

在困境中，与其牢骚满腹、怨天尤人，倒不如放开眼界，主动去寻找时机。应该依据自己为之奋斗的目标，熟知自己何长何短，熟悉外界环境是好是差，然后看准时机去争取成功。

眼光是识别事物本质的显微镜，眼光也是感悟人生哲理的望远镜，谁拥有了好眼力，谁就会把握好自己的人生，收获更多的成功。

我的确时时刻刻解剖别人，然而更多的是更无情面地解剖我自己。

鲁迅

17. 自律：对镜自检功始成

自律是指人们基于责任感和自觉性，用严谨的态度对自己的意识、言行、责任心和情操进行约束。自律包含一切从实际出发，珍惜自己的修养，爱惜自己的声誉，严格规范自己的言行，严厉检点自己的过失，使之符合社会秩序、社会道德和社会利益的要求。

走上成功的阶梯　某种意识和行为举止的养成，并非是在某时某事上瞬间就能形成，而是需要时间的积累，需要世事的磨练。

某高校校报的学生记者团体，尝试着在校园内设置了"无人售报点"，并设置专门的标识牌，上面写着：报纸每份两角，自投钱币，自找零头。那种姿态好像是对所有前来取报的人说：请自律，我信任你！

在最初的几日，这个无人售报点的收费回收率高达100%。但是不久之后，收费回收率就开始逐步下降，等到第三月时就已经下降至30%了。这表明每日里从报摊上伸手拿报而不付钱的人在逐渐增多，结果最终造成了连成本都收不回来的尴尬局面。于是，组织者们不禁为之感叹：原本设想让人们树立自觉意识，倡导自律文明，没想到不多久此处就成了校园中展示不自律文明、不自觉自重的地方。

当人们还不完全具备自律、自觉的基本素质时，他自然不会在点滴之利上太多顾虑与珍惜自尊的受损。而那些能长时间经得起几角钱考验的人，必定会在突如其来的重金厚利面前严于自律、不乱心境。因为，他们已将自律、自觉和自尊深深地植入了自身的骨髓。

走向成功的分析　"无人售报点"是个创举，其中也具有深刻的寓意与殷切期望。但是，其结果却出乎组织者的意料。自律要在磨砺中逐步养成，而对自己严格要求便是非常关键的因素。自律有时会让你不自如，比如思维拘谨、行为约束、控制欲望，若处处事事都以自律为准则，不再能凭兴趣、凭想当然、凭自我嗜好、凭一时痛快来处理事情，随时提醒自己不要违规，不闯"红灯"与"警戒线"，你就会获得更多的成功机会。

走上成功的阶梯　当成千上万人共同走向毁灭时，每个人似乎不需多大勇气就可与之面对；但当自我单独走向毁灭时，就需要为之付出巨大的勇气。同样道理，其实名人并不惧怕去犯错，但是却唯恐在众目睽睽下去十分孤独地犯错。这非常清楚地告诉人们，对于自我意识必须进行适当的自律。

匈牙利前交通部长诺格拉蒂，在前往某个汽车总站参加该站启用典礼时，因怕晚到赶不上仪式便指示司机高速行驶，结果致使他乘坐的轿车与迎面开来的轿车发生严重碰撞，并造成了对方车内两名青年一死一伤的惨重车祸。

此事被媒体公开后，即时就引起了公愤，人们纷纷向政府要求，诺格拉蒂必须引咎辞职，其弹劾理由就是乘车超速行驶，属于知法犯法自律缺失之错。诺格拉蒂迫于压力和反思，只得当众自责下台。

美国前贸易代表巴尔舍夫斯基有两个可爱的女儿，她每次出国谈判时总要带点礼物回家，尤其是她们最喜欢的中国玩具娃娃。

1998年她来中国谈判时，竟然一口气买下了43个玩具娃娃，没想到回国时这堆娃娃被美国海关查获，海关官员告知她违反了进口规定，超额携带了42个免税玩具。

于是，舆论便开始对其展开攻击，迫使她不得不在记者招待会上公开道歉，最后不得不以"我是个母亲"的说法获得同情才得以脱身。

在这样社会监督得力且法律严格健全的前提下，无论是谁都会小心地对自己的行为进行检点与约束，不敢轻易违背规则。

走向成功的分析　自律对于任何人而言都是平等的，不存在人与人之间地位与身份的差异，这不仅是构成法律社会的基本框架，同时也是构成和谐社会的基本条件。严格按照规定去做事，不能任意违反规定，这是所有人都应该具备的自律意识。即使是身居显赫地位的要员，也有非常明确的规定对其行为举止进行约束，他们犯了错时，也会得到社会舆论的指责及法律法规的惩罚。这都在提醒他们，作为社会一员必须自律，假如越过了"警戒线"，则无论其职位多高都同样会受到严厉惩罚。这是人类文明与现代社会进步的表现，这种现象越普及，建立和谐社会的愿景，就越是会提早地实现。

走上成功的阶梯 自律是个既严肃又痛苦的过程。它需要良好的人品、足够的勇气和坚韧的自制力来进行配合，然后才能发挥应有的作用。因此，自律不是一蹴而就、一朝一夕的事情，需要持之以恒地通过自身言行加以养成。

比利时有一出著名的基督受难的舞台剧，在剧中扮演耶稣的演员辛齐格几年如一日，凭着他那高超的演技与忘我的艺术境界，常常让观众并不觉得这是在看演出，而是真的看到了耶稣。

有一天，一对远道而来的夫妇在演出结束后来到后台，非常想见扮演耶稣的那位演员，还请求与他合影留念。当他们在愉快的气氛中会见并合影后，那位丈夫回头看见了靠在旁边的那个巨大的十字架，这正是辛齐格在舞台上演出时所背着的那个道具。

这时，这位丈夫竟然一时兴起，对妻子说："你帮我一下，我想照一张背着十字架的照片留作纪念。"

于是，他与辛齐格打过招呼，便走过去想把十字架搬起来放到自己后背上。但是，他几乎是费尽了所有力气，那十字架却仿佛生根般纹丝不动。这时，他才发现，原来这个十字架根本不算是道具，它是个用真正的橡木做成的异常沉重的十字架。

这位丈夫非常不解地问辛齐格："一般道具不都是假的吗？你为什么每次演出都扛着这等沉重的东西呢？"辛齐格看着对方的满面疑云解释道："在演出时我如果感觉不到十字架的沉重，便不会从内心真正体会苦难的压力，也就不可能演好这个角色。在舞台上扮演受难的耶稣是我职业与职责所在，我必须把严格自律和高超技艺结合起来，这样才能真正追求到艺术的真实感染力，并以此去打动每个观众的心灵。"

走向成功的分析　辛齐格背负沉重的道具在舞台上表演，为的是能够以更为真实的表演来吸引打动观众，由此增进艺术的深刻渲染力。这对夫妇对此从不理解到为之感动，因为他们从中看到了演员严于自律的高尚情操。

走上成功的阶梯　当人年轻时，就要保持自身清白。如果他对此不加珍惜，就很有可能被丑陋行为所玷污。从本质上看，失去清白意味着失去了自身的全部。

史蒂文·斯皮尔伯格总是会做出些出人意料的举动，不论是在职业选择还是在人生选择上都是如此。这不，他又在让人们为他的选择感到吃惊了：他决定暂时搁置所有导演事项，重新回到加州大学去修完当年中断的学分。

原来，史蒂文·斯皮尔伯格当年在加州大学电影系二年级读书时，曾拍摄了一部22分钟的短片，并送去参加亚特兰大电影节。结果被好莱坞那些目光犀利的投资者相中，便即时与他签下合作之约，这样斯皮尔伯格只得中途辍学，来到好莱坞展示自己的才华。后来的成功证明他所迈出的这一步是对的，如果他当年没有及时把握良机而坚持完成自己的学业，或许就成不了今天的大师。

　　但是30年过去了，斯皮尔伯格虽然业已功成名就，但他还是特别介意没有完成电影系学业这件事。所以，每当夜深人静独处时，便会勾起他往昔的遗憾，并能听到一个声音对他说："今天你已是好莱坞权威级大人物，你的名字已是价值不菲的资本和被人追慕的品牌，但那又能怎样呢？你曾经背弃过自己对学业的承诺，所以无论再有钱，名气再大，在你的品格上还是存有污点的，因为你曾在加州大学电影系做过逃兵。"

　　于是，斯皮尔伯格决然地重返大学，去继续那些未曾完成的学业。在学习期间，为了不受干扰，只有几个教授知道他的真实身份。他所有的功课都与其他学生同样，没有任何特别之处。斯皮尔伯格完全按照普通学生的要求，认真听课、参加考试，不但完成了所有学业，还抓紧时间选修了野外生物学。

　　像斯皮尔伯格这样严于自律，特别是在成为名人后，还能够静下心来，像普通学生那样耐着性子在课堂认真听老师讲课的人，便是具备优良品格的榜样。

　　走向成功的分析　当斯皮尔伯格已成为著名导演后，又返回学校补习当年未完成的课程，因为他想弥补人生的缺憾。自律的信念与态度，是进行自律的关键与基础。当你在头脑中清醒地意识到，通过自律可以使自身少犯错误、少走弯路、正确履行自己的各项职责时，你在行动上就会有所体现，凡事都会很自觉地进行约束与自我检点。相反，你若是缺少自律的信念和态度，那么那道防线就会被彻底清除，对与错、好与坏的概念和鉴别就会很模糊，即使出现问题也不会从自身查找原因，只会一味地强调客观原因与推卸责任。那么，怎样做才会取得成功，现在已经显而易见了。

走上成功的阶梯 自律其实也是一种防护，假如随意丢失这样的防护，就会逐步犯错误并逐步引起事物发生质的变化，而最终走向其反面。

事物发展有一条规律：量变可以引起质变。不论是有益还是无益的事物，都不是一成不变的，当某事物逐步积累到某个数量级之后，就会促使其发生质变，产生出新的事物，甚至于逐步走向自身的反面。

箕子是商纣王的叔父。在纣王登位之初，天下人都认为这位精明国君的统领与治理定能够让人们看到一派国富民安的景象。

有一天，纣王命人用象牙做了双筷子。箕子见后便劝纣王最好将其收藏起来，不要在公开场合使用。而纣王却未听其劝告，十分有兴致地公开用这双筷子就餐。这看上去并不是一件大事，满朝文武也都不以为然，但箕子却从此忧愁起来。

有人见状感到莫名其妙，便向他询问究竟。箕子便答道："纣王既然用象牙做筷子，必定不再会用土制瓦罐盛装饭菜，肯定要改成用犀牛角做成的杯子和美玉制成的饭碗；而当有了象牙筷、犀角杯、美玉碗，难道还会用它们来吃粗茶淡饭吗？从此在国君的餐桌上就会顿顿都是美酒佳肴了。吃的是美酒佳肴，那么用的就定会是绫罗绸缎了，然后居住也就要求更加富丽堂皇，便会因此去大兴土木建筑楼台亭阁，以显示赫赫王权并恣意享乐……想到如此后果，我感到不寒而栗。"

不久之后，箕子的担忧果然变成了现实，当商纣王失去了自律意识和自律能力后，很快就蜕变成为恣意骄奢、暴虐无道的昏君，仅仅在5年时间内，便断送了商汤统治长达500年的江山。

走向成功的分析　因为一副象牙筷，使得商纣王开始迷恋浮华奢侈的生活，且随着这种习气的加深，最终蜕变成为恣意骄奢、暴虐无道的昏君。看来自律是人们保持防止变质与腐败的有力保障。你若是严于自律，就会修筑起防护大堤，有效抵御各种干扰，而始终奉公守法、廉明自律。

走向成功的感悟

制定各项规定的目的，就是要人们按照合理的、正确的方式与方法去行事。当人们以这些规定来对自己的行为进行约束时，便真实地反映出了自律与法规之间的互联关系。能够在任何时候都严格自律，如果是个人，那么他就是非同一般的人；如果是团体，那么就是非同一般的集体。在他们身上都蕴藏着极大的能量。

每个人都有缺点，正如每个人都有优点一样。如果你只注意到别人的缺点，那你就会处处碰到敌人，把自己陷入孤立无援的境地；如果你多注意别人的好处，你就会处处碰到相信你爱戴你的朋友，你的生活会充满温暖、和平与快乐。

（英）罗兰

18. 谦让：盛满易为灾，谦冲恒受福

谦让是指在人们互相交往中，谦虚有礼、让人在先的高尚情操。保持谦让的心态并非易事，因为这本身就意味着人们将要付出自己的真诚，且不论所面对的是什么样的情况，都必须自然而然地自觉遵行。因为只有如此，才能够真正打动他人，并从他人那里得到回报。

走上成功的阶梯 谦让不仅仅是种姿态与风格，更是种精神和修养，它需要人们做到虚怀若谷，善于承认他人的长处，并乐于让人在先。

张良是刘邦的心腹谋臣，在楚汉相争的那些关键时刻，正是他的奇谋妙策，使得刘邦一次次地转危为安，反败为胜，为建立西汉王朝大业，立下了不可磨灭的功勋。

张良有个突出的特点，那就是他为人十分谦虚，从不随意张扬个性，也绝不居功自傲，常显现出大智若愚的样子。他正是用自己的谦虚和诚意，感化和教育了那些文武将士，使得他们能够抛弃前嫌而归顺刘邦，一心扶助其创立大业。

刘邦夺取江山后，便大举对功臣进行封赏。由于张良功名卓著，所以便封他三万户，让他在水土丰饶的齐地自行选择所需要的封地。这相当于对王爵的封赏，而张良当时就婉言谢绝了，只要了刘邦故乡附近的小小留县，因为他最初是在那里和刘邦相见的。

待到天下大势已定，刘邦也已坐稳江山后，张良却称病不朝，闭门谢客，学习道家那一套辟谷导引之术，并宣称自己以三寸不烂之舌为帝王之师，封万户侯，此布衣之极，已十分知足了。从今以后，愿舍弃人间俗事，追随神灵而去！他便再也没有过问过任何朝政之事。

走向成功的分析　张良谦让的表现，本身就是一种大智慧。纵观那段群雄纷争的历史，凡开国功勋全身而退的有几多呢，而张良就是其中之一。你在学习时要进课堂，在工作时要去办公地，这都要和众多的人接触，也要占有属于自己的一席之地。你在这些位置上既能够显现能力，同样也能够暴露弱点。你要想不断提高自身素质和能力，不断提升自身修养，争取位置的尽快提升而成为强者，那么就必须以谦让的心态去建立和谐的、互信的、诚挚的人脉关系网络。因为人们对谦虚谨慎者更愿接近，更具有信任感。

走上成功的阶梯　在国与国之间的交往中，各种礼节礼仪异常重要，它不仅代表着国家的友善与尊严，同时也代表着国家素质、国家利益与国家能力。

美日两国间的一次贸易谈判，就是因为礼仪之过而导致严重偏差，严重地影响了两国之间的理解与合作。

大平正芳就任日本首相时期，曾率团就双边贸易问题专程访问美国。当时，出面接待他的是时任美国总统卡特。在欢迎这位日本首相的鸡尾酒会上，卡特总统端着酒杯走到大平正芳首相跟前神色轻松地说道："我们要求贵国更改的那几个条件，你此次就答应下来算了。这样一来，我们就可以腾出更多时间到海边去度假！"

这时，大平正芳首相的翻译正巧不在身边。因为大平正芳首相听不懂卡特总统在对自己说些什么，心中很是着急。但是，为了保持仪容和镇静，他只得看着对方的脸色，做出一幅轻松的神态，频频随着卡特总统的话语点头并微笑着。

卡特总统见此万分高兴。于是，就跟自己的随员们说道："看来，他是同意了我们所提出的这些条件。我刚才跟他谈条件时，他一直在微笑点头，似乎默认了我们的要求。"当鸡尾酒会结束后，美国代表团就连夜根据卡特总统的建议，在美国所提出的贸易议案里增加了更多得寸进尺的要求。

第二天上午，美日两国代表团继续开会商讨，两边各自的翻译也坐在旁边。开会时，美方把所提出的那些贪婪要求重新陈述了一遍。这时，大平正芳首相通过翻译听到这一切后非常生气，气愤地说："你们卡特总统简直是背信弃义，以前我们说好的东西，怎么一下子全给推翻了？"接着，他又继续说："我方马上结束这样的会谈，并退出会场！"就这样，这次美日贸易谈判宣告失败。

其后，美国国会要求国务院就这次谈判撰写报告，探明失败的原因。结果，国务院的研究人员经过长时间研究后才发现，美日贸易谈判破裂的主要原因，只是日本首相在鸡尾酒会上那神秘的微笑。

走向成功的分析 国与国之间语言不同并不是交流的障碍，通过各种周到的接待礼仪安排，就完全可以消除这样的不利。但是，一旦在这个环节上出现疏忽，其后果却是非常严重的。谦让是双方交流的基础，当你以谦让的态度去对待他人时，假如你的出发点是诚挚的，不掺杂任何私念，那么不但周边环境与气氛非常有益于你，而且你同所有人的接触与合作也会非常顺畅。

走上成功的阶梯 谦虚并不是每个人都能轻松做到的。当大家都处在激烈竞争的状态时；当公司因人的表现及业绩而决定去留时；当众人都看好某个高薪职位时，谁出来谦让谁就被看成是消极退缩者。那么是不是这种场合不应存在谦让呢？回答肯定是否定的。因为，此刻的谦让更具有深刻的内涵：实力强盛者在任何情况下都是坦然的，即使在非常激烈的竞争中，也会在某方面谦让对方，并以此体现竞争是公平的。

有位老族长带领村民日夜兼程，要把自产的盐运到生产粮食的地方换成大麦用来过冬。这天晚上，他们露宿于荒野山坡，夜色明朗，星空灿烂。但此刻，众人却无心欣赏自然光景，而是围守在老族长左右，依然沿用世代祖传的方法，取出三块盐投进熊熊燃烧的篝火中，来占卜山间天气的变化……

大家都专心致志地等待老族长的"天气预报"，若是能听到火中盐发出"噼噼啪啪"的声响，那就是好天气的预兆；若是盐在火中毫无声息，那就象征着天气将变坏，风雨随时会来临。

大家都看到，老族长神情十分严肃，因为盐在火中竟然毫无声息。见到此状，老族长认为非常不吉利，便主张天亮之后马上赶路，以免这些盐受到雨水浸泡。

但是，族中有位非常聪明的年轻人认为，这种"以盐窥天"的方法太过陈旧了，他反对明日匆忙启程。由于大多数人都信任老族长，所以年轻人的建议没被采纳，第二天很早大家就起身赶路了。到了下午时分，他们一行终于赶到了目的地。就在众人刚刚卸完货准备休息时，果然天气骤变，风雨交加。此刻，那个年轻人才领悟到具有丰富经验的老族长的睿智。其实，即使用今天的科学知识来解释，老族长的做法也是对的，盐块在火中燃烧能否发出声，与空气中的湿度密切相关。换句话说，当风雨欲来时，空气湿度较高，盐块因表面受潮，所以将其投入火中时便会悄然无声。

走向成功的分析　聪明的年轻人恃才傲物，所以看不起老

158

族长的丰富经验，片面认为这些习俗做法是过时无用的。假如年轻人就是这个人群的决策者，那么将会发生什么样的后果，遭受何等的损失，是可想而知的。年轻人若能保持谦虚的态度，虚心地向老族长学习，那么他的聪明也许会有更多的用武之地。

走上成功的阶梯　人生需要反思，也要学会遗忘。既要不断总结教训，发扬优点、克服缺点，也要理智滤除意念中的杂质，保留真诚的情操，由此来提高自身修养。只有善于反思与遗忘，才能完好地保留人生那些最为美好的特点与风骨。

"文化大革命"结束后，我去北京出差遇到了一件令人难忘的事情。

那个年代公交车并不多，所以乘车的人总是挤得满当当的。我刚上车时就注意上她了：那位衣着既艳又俗的女售票员。此刻她带着似乎打了通宵麻将的疲倦之容，扯开沙哑的嗓音，面无表情地喊着："上车买票了。"当她经过我身旁时，我厌恶地躲闪了一下。

车到站后，从后门上来一个抱小孩的乡下女人，只见她干枯的头发用破旧围巾胡乱扎裹着，不入时的衣服上缀着几块补丁，胳膊上还挎着个大包袱。此刻没有谁愿多看她一眼，因为大家的眼睛都盯着车窗外，有家"海鲜楼"正开张大吉，庆典乐队和鞭炮声大作，好不热闹。

这时，那位女售票员喊道："哪位给这位抱小孩的让个座？"一时车上没人响应，座位上的人有的看着车窗外面，有的低头看着手中的 BB 机，还有的对着小镜忙着补妆……就连那抱着小孩的乡下女人也神情木然，她似乎就没有意识到这与她有关。于是，那女售票员又扯着沙哑的声音喊了一遍，这次乡下女人明白了，她这是在为自己争取方便，脸上便显露出十分窘涩的神情，仿佛在为惊扰了他人而抱歉。

随着一个刹车，抱着孩子的乡下女人险些跌倒，女售票员这时更是固执地不断对人们喊着："麻烦哪位，请给这位抱小孩的让个座？"但仍是未见有任何回应。女售票员见状，便从车厢前面挤过来，来到一位染着栗色短发的女孩身边，示意请她起来让个座。结果，这女孩很不情愿地站起身来，抱着孩子的乡下女人终于坐下了。

到站下车时，我突然发现自己对那位女售票员印象大大地改变了，从有些讨厌转变成为十分敬佩的感觉。因为，她为了让抱着孩子的乡下女人落座的那句喊话，曾被她十分固执且又非常礼貌地重复了十几次之多。

良好的礼仪习惯从一个看似平庸俗气的人的身上体现出来，显得格外美丽，并且还焕发出了具有强大影响的超级魅力！

走向成功的分析　礼仪与礼节是人们交往的良好方式，公交车售票员为抱小孩的女人寻找座位，就反映了她具有很好的礼节意识。要想赢得别人的尊重，就必须首先尊重别人，多关注别人的优点，而忽视别人的过失。稳定良好的情绪是无障碍进行学习与工作的基本条件，带着好的情绪去学习与工作，不仅能够显示出积极进取的劲头，也能大大改善其实际效果。

走上成功的阶梯　当你面对着陌生人的时候，必然会产生戒备心，这也是人之常情。但当陌生人是以良好的行为举止对待你时，你就会产生亲切感，戒备之心也会随之打消。

见天色已经很晚了，王毅便在一家旅馆登记入住。当他走进306房间时，见房内已有的四位入住者在打牌。王毅将自己的行李放在靠近门口属于他的床位上，向其他几个人点头致意，然后面对墙壁静静躺下来习惯在临睡觉前看会儿书。

一个胖子见此，就把挂在铁丝上的电灯向靠近王毅的方向挪动，还自言自语地说："人家在看书，多给点亮。"

王毅心里一热，很感激地说："不，不要紧，我看得清，谢谢！"他一手拿着书看，而另外一只手却始终放在身边的提包上，因为那里面放着一笔数目可观的购货公款。他明白出门在外，害人之心不可有，但防人之心也不可无。况且房内有四个陌生人呢！

第二天，天刚蒙蒙亮，同房其他四个人都已悄悄起床，原来他们是要去赶早班车。有个人想拉亮灯，好收拾自己的东西，但马上被同伙小声制止了；另一个人轻轻走到王毅床前，并弯下腰来。这时，王毅不由得紧张万分，在被子中用双手紧紧抱住提包，并预备着应付可能出现的突发事件……可那人弯下腰来，仅是从床边拾起王毅那本掉在地上的书，并轻轻放回王毅床边。王毅心中又是一阵感动，不过这回还带有羞愧的成份。

他们收拾停当后，就轻轻地走出了门，还按下门锁的保险。

但是，此刻王毅的内心激荡着一阵又一阵的情感波涛，有个没经嗓音发出的声音，在情感波涛中久久激荡：谢谢你们！

走向成功的分析 那四位同室的房客具有很好的个人素质，他们那些看似不经意的举动，里里外外都透射出礼貌又谦让的品质。你遇事若是总在为个人着想，总是刻意计较个人得失，不愿看到有人比自己更能干，不能听进他人善意的批评，那么就谈不上会以谦让与自尊的心态去对待他人。其实，人与人之间的误解并不难消除，只要具有谦让的态度，大度对眼前的利益之争与相互矛盾主动承担些责任，那么终究会冰释前嫌并和谐相处。

走向成功的感悟

人生在世，忧虑与烦恼时常会伴随着欢笑与快乐，正如失败伴随着成功一样。人要想过得快乐洒脱一点，就要控制自己的情绪，彼此谦让、谅解、理解他人，礼貌地传达和沟通信息。彼此之间多些谅解，少些猜疑；多些尊重，少些诋毁；多些合作，少些排斥。人生需要反思，也要学会遗忘。既要不断总结教训，发扬优点，也要理智滤除意念中的杂质，保留真诚的情操，由此来提高修养。只有善于反思与遗忘，才能完好地保留人生那些最为美好的特点与风骨。

意志是每一个人的精神力量，是要创造或是破坏某种东西的自由的憧憬，是能从无中创造奇迹的创造力。

（俄）莱蒙托夫

19. 意志：立志不坚，终不济事

意志是人类确定目的并调节行动以实现目的的精神世界的属物，是人们在实践中形成的世界观的组成部分。意志包括理想抱负、理念觉悟、理性追求等，既是人们奋进的精神支柱，也是人们获得成功的动力之一。

走上成功的阶梯 人生肯定会遇到多种挫折与困难，就如同四季轮换潮起潮落一样，此起彼伏，交替出现，但是只要你的意志始终不被厄运所击垮，那么希望之光终究会驱散身边的绝望阴霾。

愚公移山的故事家喻户晓。

愚公想把挡路的山移开，于是开始挖山，并且准备祖祖辈辈一直挖下去，做着外人看来似乎完全不可能做到的蠢事。

实际上愚公并不愚笨，他十分清楚自己的能力，和普通人一样他也深知移山本不是件简单轻易的事情。但他与众人有所不同的是，他存有强烈的意志：此山必须移走！正是出于这种坚定不移的意志，也正是依靠这种坚定不移的意志，才有了愚公执意"子子孙孙挖山不止"的行动纲领和永不枯竭的动力之源。他的这种行为得到人们的推崇和效仿，并被大家尊誉为愚公精神。

走向成功的分析　横挡在愚公眼前的山的确很庞大，但是愚公内心那个移山的意志比山还要大。山即使再高再大，终究是会挖一点就少一点的，不会重新再长出来；而愚公的后人祖祖辈辈层出不穷，只要他们移山的意志没有动摇，那么终究会有一天大山被夷为平地。你想要走向成功，若是缺少了愚公这种移山的意志力便是行不通的。比如你参与激烈的竞争，自然会有很多人比你实力强大，这时你是选择放弃，还是选择进取？要进取就得全力地去拼搏。在这种状态下假如你意志如钢铁般坚定，那么即使经历的磨难再多，你也可能从容应对，最终获取胜利。你要记住，在坚定的意志面前任何不可逾越的障碍都不存在。

走上成功的阶梯　意志是成功的基石，美国总统林肯曾经说过："喷泉的高度不会超过它的源头；一个人的事业也是这样，他的成就决不会超过自己的意志。"

参加过大西南剿匪的父亲曾给易兵讲过一个他亲历过的故事。

在一次剿匪战斗中，父亲端着步枪从岩石后面走出来时，迎面撞上个同样端着步枪的土匪。当时，两人相距只有五六步，并同时将枪口对准了对方的胸口，然后就僵持在那儿了。

此刻，他们彼此内心都十分清楚，要保全性命就必须有一方先投降。

双方相互逼视着，目光对着目光；双方相互僵持着，枪口对着枪口；双方相互对峙着，意志对着意志……

其实，这种尴尬的对峙总共不过几十秒，可是那一刻父亲感到时间是何等的漫长，父亲说这是他一生中，唯一一次对时光流逝产生印象的时刻。

此刻，父亲不知道他已咬破了自己的下唇，两条血痕已濡湿了下巴。尽管他大脑瞬间一片空白，但是一个信念在牢牢地支撑着他的身体：必须有一方投降，但绝不是我！

父亲怒目紧盯土匪的双眼，目睹对方的精神一点点开始崩溃：先是脸色煞白，面部痉挛；接着是嘴角抽搐，手腿发颤；最后干脆把枪扔在地上，举起了发抖的双手。

就这样，土匪成了父亲的俘虏。

十几年来，不论生活与工作中遇到多大的坎坷与挫折，易兵总是不时地用父亲的那个意志来激励自己：必须有一方投降，但绝不是我！

走向成功的分析 在枪口对着枪口的那一刻，正是对能否坚守个人意志的最残酷的考验，狭路相逢勇者胜。这获胜的勇者，正是具有坚不可摧的意志力。在实际生活、学习和工作中，考验你意志的机会有很多，如果每次你都能从中获益，那么久而久之你的意志力就会得到加强。比如在学习中遇到难点，但是你意志坚强，决不退缩，所以难点得以解决。再比如你参加长跑比赛，如果能够获胜将给集体带来莫大的荣誉，虽然你的实力并不比对手强，但你若是意志坚定，在长跑极限状态下依然坚持，在关键环节超水平发挥，结果就会超越对手，取得优异的成绩。在意志力的驱动下，你走向成功的动力会更强大、更长久。

走上成功的阶梯 意志与信念并非是随意就会产生的，但一旦产生又是不可轻易改变的。意志与信念的确立并非易事，而坚守与履行它们则更难。坚定不移的意志与信念，是人们宝贵的精神财富，足可以供其终生受用。

明朝末年，史学家谈迁经过20多年呕心沥血，终于完成了明朝编年史《国榷》的编写。面对这部将要流传千古的巨著，谈迁心中的那份喜悦是可想而知的。然而，没过多久就发生了谁也意想不到的悲惨祸事。

有天深夜，小偷潜进谈迁家中偷窃，见其家徒四壁，无物可偷，就误以为锁在竹箱里的《国榷》原稿是值钱的财物，便偷走了这个沉甸甸的竹箱，而里面的书稿从此就下落不明了。

20多年的呕心沥血转眼间化为乌有，这对于任何人而言都是极为致命的打击。对已年过六旬、两鬓染霜的谈迁来说，就更是万分无情的重创了。但是一定要完成编年史《国榷》编写的坚定意志与信念，很快就使谈迁从痛苦中毅然崛起，他下定决心要重新开始撰写这部编年史书。

于是，谈迁又持续苦写了数十年，又一部《国榷》诞生了。新写的《国榷》共104卷，500万字，内容比原先的那部更加翔实精彩。谈迁的事迹也被世人传为佳话，并且留名青史。

世间之事，有时真是无独有偶。

英国史学家卡莱尔也遭遇了类似谈迁的厄运。

卡莱尔经过多年的刻苦耕耘，终于完成了《法国大革命史》的全部文稿。他将这部巨著的底稿全部交给自己最信赖的朋友米尔，请米尔提出宝贵的意见，以求文稿的进一步完善。

过了几天，米尔脸色苍白，上气不接下气地跑来见他，并向卡莱尔说出一个既万般无奈，又十分可悲的坏消息：《法国大革命史》的底稿，除了少数几张散页外，其余已全部被他家的女佣当作废纸，丢进火炉烧掉，化为灰烬了。

卡莱尔在突如其来的打击面前异常沮丧，因为当初他每写完一章，就随手把草稿全部销毁。他呕心沥血撰写的这部《法国大革命史》，竟没有留下任何可以挽回的记录。

经历了痛苦之后，从头再来的意志与信念很快就让卡莱尔重新振作了起来。他平静地安慰自己说："这一切就好像是我把笔记簿拿给老师批改，老师却对我说'不行！孩子，拿回去一定要写得更好些！'"

于是，他又从头开始了又一次呕心沥血的写作。人们现在读到的《法国大革命史》，正是卡莱尔第二次写作的成果。

走向成功的分析 谈迁和卡莱尔都遇到过异常沉重的打击，他们呕心沥血的成果在瞬间化为乌有，足以令他们精神崩溃，但宝贵的是他们的意志均无比坚定，在重击面前并没有一蹶不振，正相反，他们凭借强大的意志力支撑，再次完成了恢宏巨著。在人生漫长的旅途中，任何人都不可能完全避免崎岖和坎坷。当你处于顺境时，应像处于逆境时那样谨慎；而当你处在逆境时，则应像处于顺境时那样平静。这其中就需要你具有坚定的信念，正确审视当前自己所面临的局势，不管其结局是胜出还是败落，是幸运还是厄运，你都应该把它看作是崭新的开始，并记住：只要意志与信念不被厄运击垮，希望之光就终究会降临到你的头上。

走上成功的阶梯 或许在生命中什么都可以缺少，譬如金钱，或是聪明，但唯独不可轻易地失去你对人生的意志与信念，因为它们是生命的主要支撑点。

有位年轻的警官，在一次缉毒追捕行动中，左眼和右腿膝盖不幸被枪击中。3个月后，当他从医院出来时人已经完全变了样，那个曾经高大魁梧、双目有神的英俊小伙，竟然成了一个又瞎又跛的残疾人。

市政府授予他勋章和奖励，电台记者问他："你今后将如何面对自己所遭受的厄运？"在场的所有人都听到了他坚定洪亮的声音："我只知道歹徒现在还未抓获，在这之前我还是要亲手抓住他。"

年轻警官不顾任何人的劝阻，执意要参加抓捕歹徒的行动。他几乎跑遍整片国土，有时甚至为了一个微不足道的线索，也会独自一人去很远的地方。当这样的抓捕一直持续了9年之后，那个歹徒终于被抓获了。在庆功会上，这位警官再次成为人们心目中的英雄，媒体也盛赞他是最坚强、最勇敢的人。

但是半年之后，这位警官却自杀而亡。他在遗书中这样写道：这些年来让我坚持活下去的只是一个信念：就是一定要抓住这歹徒……现在歹徒已被抓，随着那个意志与信念的消失，面对着自己的这般伤残，我感到从来没有过的绝望，这也使我完全失去了继续生存下去的信心。

走向成功的分析　面对歹徒，他的意志与信念是何等的坚定，而面对自身伤残，他的意志与信念又是何等的脆弱。这类事情也许曾经发生在你的身上，无论如何你应该清楚：在任何情况下、任何挫折里，你都不能轻易产生意志与信念的动摇，否则就可能会从事物的一面走向另一面。

走上成功的阶梯　意志与信念是成功人士背后的支撑力，意志与信念是创造奇迹的动力，意志与信念也是开始人生目标的新起点。

有个人，他一生是这样经历的：

21岁时，做生意惨遭失败；

22岁时，角逐联邦众议员落选；

24 岁时，做生意再度遭遇失败；

26 岁时，真情相爱的爱侣去世；

27 岁时，不堪重负，一度精神崩溃；

34 岁时，角逐联邦众议员再度落选；

47 岁时，曾被提名竞选美国副总统，但不幸落选；

52 岁时，当选为美国第 16 任总统。

这份简历中所记载的人，就是美国第 16 任总统林肯。

它在清楚地告诉我们，即使是美国总统这样的人，人生也并非一帆风顺。也可以说，如果没有过人的坚定信念，也许在美国的历史上就不会出现一个名叫林肯的总统。

走向成功的分析　从上面的简历中可以看出，林肯先生是从极不平坦、极不顺利的人生道路上走过来的。但为什么他在遭遇屡屡失败之后，仍然还能够走上总统宝座呢？这是因为他始终坚信：只要坚守意志与信念，不断地超越自我，就一定能够创造辉煌。由于意志给了他足够的勇气和力量，所以他能够坦然地面对多次失败，并屡次地从失败中重新站立起来。朋友，你也许有过成功，也许遭遇过失败，也许人生道路荆棘丛生、坎坷多磨，但你是否像林肯那样从未选择放弃呢？

走向成功的感悟

凡事均是意在事先，你去做任何一件事情，事先都会制订一个目标，在逐步实现这一目标时，需要意志来支撑你的行动。若是中途违背意志或丢弃了意志，想要达到目标便是不可能的了。意志比资本与权力更为重要，因为前者的存在，后者才会更好地发挥作用。

或许人们想要做的事情本身属于不起眼的小事，但是通过行动把意志变成现实的意义却是非常重大的，同样能让人们感受到意志的无比威力。

我信仰两句格言：学问是经验的积累，才能是刻苦的忍耐。

茅盾

20. 忍耐:梅花香自苦寒来

忍耐是指人们处于艰难困苦的环境或时期时，能够抑制自己的情绪，坚守自己的信念，无怨无悔、百折不回地继续前进。

走上成功的阶梯 逆境是对人生的严峻考验，对那些具有忍耐能力的人来说，逆境和磨难可以强化人的意志，迫使人们不断追求进步，通过这场考验，才能打开成功的大门。

马彪带着创业的梦想，从部队复员回到家乡。不久他就被分配到市内某个国营大厂，这家大厂是当地人梦寐以求的单位，但他却没有丝毫的激动，因为他心中的目标是进行中药药物研究。于是，马彪主动将这家国营大厂的用工通知书退回安置办，并婉言提出希望能把自己分配到中药厂去的请求。对方考虑到他在部队的所学专长，答应了他的请求，分配他去了一家规模很小的制药厂。让马彪并没有想到的是，进厂后他却被分配当装卸工，这与制药技术没有丝毫关联。

命运真是会捉弄人，马彪感觉就像寒冬腊月跳进刺骨的河里一样，从上到下凉透了！

装卸工的工作非常繁重，不论寒天酷暑，每天都得装卸 80 多块石头，每块石头少说也有 150 斤（75 千克），装卸石头时，马彪浑身上下都浸在汗水中不说，手臂、肚皮还常常会被尖锐的石棱划破，汗水一浸上去，便是一阵钻心的疼痛。尽管工作量很大，但因为要省出钱来自己搞药物研究，所以他每顿饭只买碗 5 分钱的菜汤，配上几个窝头充饥。工休时，同事们总爱拿他说笑取乐，说他是"落在鸡舍的凤，困在浅滩的龙"，自寻烦恼和不自在。每当这时他总是摇头笑着，不做任何解释。

虽然工作很苦很累，也不顺心如意，但马彪并不后悔自己的选择。一有空闲他就到生产车间去看，到原料场地去看，处处小心留意，不放过任何学习制药知识的机会。

有一天，他自己钻研并撰写的一篇有关制药的稿件，被登在了厂里的简报上，他因此得到厂领导的重视。于是，命运的转机便由此开始，马彪先是被调入厂工办，再以后分别担任了车间小组长、车间主任、生产技术股长、生产副厂长等职务。这样，他便有机会开始为魂牵梦绕的药物研究进行实质性的探索了。

就这样，不服输、有毅力、坚守信念的马彪，以过人的耐力实现了自己的梦想。

走向成功的分析　在马彪的心中有一个远大的人生目标，为了能实现这个目标，他不得不再三地调整与修正自身的处境，以极大的耐力改善现实条件，并为之付出汗水、心血及切身利益，通过不懈努力终于靠近了目标。他通过自身的努力，从岔路走上了正道，从毫无希望走向了一片光明。在人生的境况中，你要学会忍耐，善于忍耐，并以不卑不亢、积极进取的姿态静待时机，当机遇出现时立即抓住，及时地将自己从困局中解脱出来。其次你要非常大度地看待眼前得失，明了为改变困境暂时失去某些东西是值得的，不可留恋眼前的小利。假如你将这些都做到了，你就会发现厄运在某个早上已从你的身边消失得一干二净。

走上成功的阶梯　只要你拥有对人生目标的不懈追求，你就会获得一种动力，从而具备足够的耐力和勇气，即使是遇到再大的困境，也总能够在败中取胜，走上成功。

有位曾创造过辉煌业绩的长跑运动员，有段鲜为人知的不幸经历。如果没有非凡的耐力和意志，他差点就和以后的巨大成功擦身而过了。

10岁那年，他在一次郊游中遭遇车祸，致使双腿严重受伤，医生断言此生他再也无法站立和行走了。面对突如其来的重击，面对黯然神伤的父母，他始终没有落泪，也没有因之绝望，而是以坚定的声音向人们宣称：我发誓，我一定要重新站起来！

他在病床上躺了整整6个月，历经了异常痛苦难熬的治疗后，他开始尝试下床活动了。为了不让父母伤心，他的这番活动总是背着父母进行的。他拄着双拐艰难地挪动双脚时，每挪动一步都要花费很大的气力，钻心的疼痛会无情地将他一次次摔倒在地上，他总是满脸挂着豆大的汗珠。就这样，倒了就爬起来，再倒了再爬起来，即使摔得遍体鳞伤，他仍坚持着继续练下去。因为，他坚信自己一定可以重新站起来，像正常人那样自如地走路和奔跑。经过几个月的练习，他的两条腿终于可以伸屈了，医生兴奋地说这是个好兆头。这时，他在心底默默地为自己欢呼：看看，我站起来了！我又能站起来了！

在其后的两年多时间里，他一直坚持恢复锻炼。先是可以丢掉拐棍慢走，接着开始练习快走，继而开始练习小跑和快跑。真是功夫不负有心人，通过不断地挑战困境，他的双腿竟然奇迹般地强壮起来。由于长期锻炼的结果，他变得擅长长跑，并被一位体育教练相中，带入长跑队进行专门的训练，终于成为著名的长跑运动员。

灾难让他不幸地倒下去，忍耐和勇气则使他重新站立起来。

走向成功的分析 人们在忍耐的过程中蕴藏着巨大的潜能，只不过这种潜能在没有遇到得以爆发的时机时，是不为人所知的。学会忍耐并非易事，在惊慌面前保持镇定，在打击面前面不改色，这种忍耐不是妥协与退缩，也并非是无望困守，而是积蓄实力寻找最佳时机，这就像是先将弹簧慢慢地收缩，然后再释放出极大的能量。你若想发挥自我潜能走出困局，那就必定要学会忍耐。

走上成功的阶梯　人的肢体不健全是一件十分悲哀的事情，但是，比这更为悲哀的，是人们因此对命运的妥协和对生命的轻视。

有个女孩儿非常不幸，她初到人世时就没有手和脚，手脚的末端处都仅仅是个圆圆的肉球。有人叹息道："这孩子真是命苦，她这一生恐怕要在沮丧与绝望中苦苦煎熬了。"

在8岁这年，女孩儿有了强烈的心理冲突，看着他人，联想自己她感到万分悲痛，就想与其痛苦一生不如就此了结这不幸的生命。但是，更为可悲的是她却无法找到寻死的方法。用头去撞墙，因没有四肢支撑根本使不上力，除了头部增加几个血泡，或者摔得满脸是伤外，人仍然安稳地活着。试着去绝食又遭到母亲斥责：8年了，我千辛万苦地养活你8年……看着母亲辛酸的泪水，她毅然反省。她告诫自己：我既然来到这个世界上，就要珍惜和爱护自己的生命。正常人也要经历人生的苦难，我只是比他们的苦难多一些。我要顽强地活下去！

于是，她开始训练自己使用筷子。先用一只手臂放在桌子边缘，再用另一只手臂从桌面上将筷子拨过来，再用腕部的两个肉团夹起筷子。她从一根筷子练起，后来再增加到一双筷子。就这样日复一日地坚持练着，终于在9岁那年，她吃到了自己用筷子夹起的第一口饭。

学会使用筷子使她信心倍增，于是她决定开始学走路。在练习中摔跤是家常便饭，但摔倒就爬起，爬起又摔倒，血水包裹着汗水，汗水浸着泪水，直到腿腕部长出一层厚厚的老茧，这才稍稍减轻了些痛苦的感觉。

在10岁那年，她终于学会了走路。

学会走路后，她的眼界变开阔了。于是，她便萌发了上学读书的念头。在父母和学校老师的帮助下，她终于成为学校的编外生。她用胶皮垫在腿上，不论寒暑和风雨，总是早早来到学校。她用手臂末端夹笔写字，这要付出比常人多出数倍的艰辛与努力，但她坚持从小学读到初中，又自学完财务大专的所有课程。

后来，她还被工厂破格录用为会计。但为了回报父母的养育之恩，她回到父母身边并自谋出路卖水果。如今她已成家，找到了个高大健康的丈夫，并生育了一对活泼可爱的儿女，一家人生活在温馨、甜蜜的气氛中，其乐融融。

走向成功的分析　残疾女孩的人生实例告诉人们：困境就如同一条恶狼。当它向你扑来时，如果你畏惧、躲避甚至退却，它就会凶残地追着你毫不放过；如果你挺直身子，挥动拳头向它大声挑战，它则会夹起尾巴远远逃遁。你要不受恶狼所伤，就必须为自己建立有效的防护网，至于这张网该如何建，文中的残疾女孩已经为我们做出了榜样。现实生活中许多灾难让我们承受了痛苦，但同时也让我们在另外的方面尝到了甜头。譬如，盲人看不见，但其听觉、触觉、嗅觉都要比一般人更为灵敏；失去双臂者的平衡感比正常人更强，双脚行动也更灵巧。所有这一切，仿佛都是上帝的有意安排，如果你并不缺少前者，那你就无法得到后者；当你面临困难与困扰时，上帝定会加倍地给你传递各种获取成功的信息与机会。你所遇到的坎坷和困难，不也迫使你增强了适应能力吗？只要你存有足够的耐力和勇气，那么横在你面前的障碍物都会被你一一拆除。

走上成功的阶梯　那滚滚向东的大河是由无数涓涓细流汇集而成的，同样，人们彪炳千秋的丰功伟业，也大多是由无数次点滴进步与微小成就汇集而成的。

在 1968 年春天到来的时候，罗伯特·舒乐博士想在本地以玻璃为原料建造一座水晶大教堂。他向著名设计师菲力普·约翰逊表达了自己的构想：我想要的不是一座普通的教堂，而是一座人间的伊甸园。

菲力普·约翰逊问罗伯特·舒乐博士建设预算是多少，手中现有多少资金，舒乐博士坦率而坚定地说："我现在分文没有，所以100 万美元与 400 万美元的预算对我来说根本没有任何区别。但对我来说最为重要的是，这座教堂本身设计要具有足够的魅力，能够由此吸引来投资和捐款。"

按照舒乐博士的要求，教堂最终的设计预算定为 700 万美元。这对当时的舒乐博士来说，不仅超出了自己的能力范围，也超越了众人的理解范围。为此，他遇到了前所未有的窘境。

就在被人们怀疑和取笑时，舒乐博士拿出了一份筹资计划书，上面这样写着：

1. 寻找 1 笔 700 万美元的捐款。

2. 寻找 7 笔 100 万美元的捐款。

3. 寻找 14 笔 50 万美元的捐款。

4. 寻找 28 笔 25 万美元的捐款。

5. 寻找 70 笔 10 万美元的捐款。

6. 寻找 100 笔 7 万美元的捐款。

7. 寻找 140 笔 5 万美元的捐款。

8. 寻找 280 笔 2.5 万美元的捐款。

9. 寻找 700 笔 1 万美元的捐款。

10. 卖掉 1 万扇窗户，每扇售价 700 美元。

舒乐博士告诉大家，不管将经历何等的困难，他都将非常耐心地按照这个计划去筹款。随后，舒乐博士开始了一系列筹款演讲，不论人们怎么想，但他始终坚定地认为，这是个对当地大众和社会而言都十分有益的事情。

第 30 天后，舒乐博士以水晶大教堂奇特美妙的模型，打动了某位富翁，为此他捐出了 100 万美元。

第 60 天后，有对夫妇在倾听了舒乐博士那精彩而感人的讲演后，捐出了 100 万美元。

第 90 天后，有位被舒乐博士孜孜以求精神所感动的陌生人，在自己生日的当天，寄来数额为 100 万美元的捐款支票。

6 个月后，有家慈善机构对舒乐博士说："如果你能保证以你的诚意与努力筹足 600 万美元，那么剩下的那 100 万美元则由我们来支付。"

第二年，舒乐博士以每扇窗 500 美元的价格，请求人们认购水晶大教堂的窗户，付款的办法为每月 50 美元，分 10 个月付清。结果 6 个月内教堂的 1 万多扇窗户全部被售出。

12 年过去后，一座可容纳 1 万多人的水晶大教堂竣工，成为世界建筑史上的奇迹、经典和游览胜景。水晶大教堂最终完成的实际造价为 2000 万美元，并且几乎全是由舒乐博士极有耐力地一点一滴筹集而来的。

走向成功的分析　不是每个人在自己的一生中，都非要去体验完成类似建造一座水晶大教堂的经历，但是每个人却都能为自己去设计梦想中的"水晶宫"，并且在遇到困境时，也如同舒乐博士那样，把它拆卸开来分别制定计划，然后一步步去实现。

走向成功的感悟

逆境可以强化人们的意志与信念，迫使人们不断地追求进步与发展，唯有那些忍耐能力较强者，方能通过无情的考验，打开通向成功的大门。只要你拥有对生命的无比热爱，拥有对人生目标的不懈追求，你就会获得一种动力，它会使你具有足够的耐力和勇气，即使是遇到再大的困境，也总能够在经历多次失败之后，由败中取胜走上成功。

当一个人镇定地承受着一个又一个重大不幸时，他灵魂的美就闪耀出来。这并不是因为他对此没有感觉，而是因为他是一个具有高尚英雄性格的人。

（古希腊）亚里士多德

微笑着 迎接明天

21. 韧性：败而不馁，锲而不舍

韧性是指人们做人处事时所表现出来的既坚毅又柔韧，既顽强又持久的秉性。百折不挠、软硬相兼、蒙冤不屈、经久不变，这些表现都属于韧性的范畴，这样的能力越强，就越能够克服人生的困难。

走上成功的阶梯 事物客观存在的时效性，便决定了人们行事时在主观上也要讲求时效性。不论事物或长或短与或巨或细，都应力争将其完成，这其中那些反反复复的过程，便会对人们的韧性给予真实的鉴定与考验。

　　和好友相逢之后，他就在反复向我提到"赛车公司"这一词汇，这让我莫名其妙，于是我便问他为什么总是提到赛车公司。他解释说："我要不是被赛车所淘汰掉，现在应是一家大公司的总裁助理，并去负责开发国内市场了。"听他说完这些话，我依然满头雾水。见到此状，他只得把自己所经历的那段故事，完完整整地讲给我听了。

　　在大学进修工商管理专业期间，他曾参加过大学专业论文评选。结果，他的论文被业界那些成功人士所看好。某家大公司总裁亲自点名，希望他能前去参加该公司一年一度的职位竞选活动。当我朋友看完该公司简介和所空缺的职位后，便即刻决定去参加被人们认为竞争最为激烈的总裁助理一职的竞选。

　　当面试及答辩等竞选程序全部进行完毕以后，我朋友和另外四个选手进入了最后决赛。

　　决赛要分两个步骤进行：第一步是上任后第一天的工作安排。我朋友曾在国内某行政单位做过管理工作，他所展现的完美思维和东方人谦虚的品行赢得各方人士赞美，结果是他和另一名年轻的选手胜出。

　　第二步考查他们的内容竟然是赛车，在未接到那把赛车钥匙之前，我朋友怎么也不会想到决赛竟会是这种竞争。他的驾车技术很不错，很快就超过曾领先的那个选手，但不幸的是他们的行车路线上堵车了，在堵车的时间里，后面对手的车追了上来。为了尽快甩开对手，我朋友看了看地图，就调转车头走上另一条路，而那位对手仍耐心在原地等待，直到堵车结束才继续前行。结果，我朋友因选择绕道而转了个大圈，当到达目的地后见对手已先于他到达。我朋友就在这轮决赛中被淘汰了。

事后，公司总裁对我朋友说："你的性格在驾车时就已全部流露了出来，假如你在那种情况下不能够耐心等待，那么在工作中遇到困难和危机时，也就不可能非常理性地去解决问题。因为自我控制的韧性和坚定的原则性，对于总裁助理这个职位尤其重要，这就是你遭到失败的根本原因。"

朋友最后告诉我："其实，我是被自己淘汰了！"

走向成功的分析　对于事物的变化，人们一般很难在事前得以充分认定。这位能力和才华都超然出众者，在没有意料到的测验中，不经意就痛失了成功的机会。假如他在堵车之际不是急于赶路，而是全盘衡量，那么兴许就不会另择其道了。你也许有所体会，有些活动常远非个人所预料的那般简单，甚至于当你差不多都将事情完成了，却又突然节外生枝出现反复，并需要你重新开始做起。这类情况相对人的信心而言，简直就是无情的摧残。对此，你若是患得患失，失衡无策，那么就会因韧性的缺失而连最后的机会都丧失掉。正确的做法是，不论你面对怎样的变化，不论你遭受多么大的排斥和否定，你都应保持始终如一的坚韧心态，放弃那些不该有的抱怨与算计，即使全部重新来过也欣然接受，并动手开始重新做起。

走上成功的阶梯　截然对立的事物，是缘于各自的出发点和性质有着根本的区别，矛盾不可调和，就会出现相互间的对立。

这是一般情况，但也有特殊情况，虽然是矛盾对立的事情，却有着相互依存的关系。

企图通过经历痛苦来获得喜悦，这在一般人看来简直是荒唐的事情。但表现在某些人身上，却是一种人生积极进取精神的完美体现。

在美国西海岸边境城市的某家医院里，常年住着因重伤而全身瘫痪的威廉·马修。每当缕缕阳光从朝南的窗口直接射入病房时，马修便开始准备迎接那些来自身体不同部位的疼痛的袭击。在将近几个小时的折磨中，马修既不能随意翻身，也不能擦去汗水，甚至还不能流眼泪，因为他的泪腺已被药物的副作用侵蚀萎缩了。总之，一切痛苦都必须在默默之中忍受着。

那些年轻的女护士常是以手掩面，不敢正视马修经受痛苦的情景。但是，马修却总是幽默风趣地对她们说："虽然这般钻心的刺痛使我难以忍受，但我还是要感激它们，因为正是这强烈痛楚的刺激在提醒我：我仍然活着。"

马修住院的头几年里，身体任何部位均没有任何感觉，既没有舒适感，也没有痛楚感。在医生们的精心治疗下，部分神经开始再生恢复，所以才会出现每天早上由中枢神经发出的"痛"的信号。

但置身于马修的处境，就知道这样的生理现象虽然给他带来了巨大的痛楚，但也给他带来了康复的希望与喜悦。当然，这有个非常重要的前提，即马修的意志无比坚强，否则他将无法熬过这样的难关。马修坚强地承受着痛苦的煎熬，是希望在自己身上能有更多的奇迹出现，以使病体得以康复。因此不论经受多大的痛楚折磨，他都硬是咬紧牙关挺了过来。

谁也不能保证马修哪天能够得到康复。但是，他和医生一起朝着这个方向继续努力着。在马修的意识中，只有痛楚的再次到来，才预示着自己康复的希望也将到来。

走向成功的分析 马修的痛苦与众不同，他能够从中体会到生命延续的快乐。只要从马修对待疾病的那种奋力抗争中，你就可以体会到他为何会因此不拒痛苦。这种特例虽然不多见，但是这样性质的事情在生活中却可以时常见到。你要是遇到马修这样的事，也会像他那样坚强吗？当某件事情在反复折磨你，并使你难以忍受时，千万不要逃避和退缩，因为逃避和退缩于事无补。为了能摆脱眼前困境，你必须向前走，只要前面不碰壁，就要一直走下去，并坚持到底，这才是最好的对策。

走上成功的阶梯 做事要执著，要有韧性，不能轻言失败。这样，即使面临再多的困难，经历再多的挫折，出现再多的反复与失败，终究会有一天你发现，自己成功了！

小城镇的小图书室里走进来一个小女孩儿，她吃力地抱着厚厚一摞书，将其一一放在书架之后，又转身去挑选另外的书了。这个女孩儿酷爱读书，虽然家里也有很多藏书，但她却渴望看到更多的书，于是每到周末，就必定来到图书室借书。

每逢这时，那位鬓角已发白的图书室管理员，便会在女孩儿要借的书上，重重盖上刻有借出日期的印章。女孩儿的心被陈列在架上的众多书籍所深深吸引，她想如果自己也能写本书，并阵列在书架上任人浏览，那该是件多么令人神往、多么幸福的事情。

于是，小女孩儿便对图书室管理员表明了自己的想法："长大后我也当作家，也要写很多的书。"

管理员放下手中的印章，面带微笑打量着女孩儿，真诚地说："以后你若真的写书了，就拿到我们图书室来吧。到那时，我会把你的书摆在书架最显眼的地方。"

女孩儿渐渐长大了，女孩儿的梦也跟随着一起长大。

在读初中三年级的时候，女孩儿写了有生以来第一篇文章。最初她仅是给地方报纸写些简单的名人介绍，体验着自己的文章变成铅字并刊载在报纸上的幸福感觉。

但是，写书对她而言仍是一个遥远的梦。

在读高中时，女孩儿担任了校报的编辑，写一些小段文章。

后来女孩儿结婚了，虽然整天在家忙里往外，但是写书的梦想始终萦绕在她心头。于是，她找到一家杂志社去打工。由于家务事很费精力，她多少有些顾此失彼。所以，写书的梦想始终没有得到实现。但是她却依然深信，这个梦想一定会在某一天成真。

几年过去后，她开始全身心地投入到创作中，后来，她的书终于写成了。当她把书稿寄给两家出版社后，均被退了回来。面对这样沉重的打击，她强忍着悲伤把稿件藏进了抽屉的深处。

又是几年过去了，以前的那个梦想再次被重新激活。她又全身心地投入到新的写作中。这次，她的作品终于被一家出版社选中了。

但是，出书并不像出报纸那样快，她必须耐心等待两年。终于有一天，邮递员给她送来了出版社寄给她的书。她捧着自己的书，忍不住失声痛哭。她为了自己的梦想，等待了太长的时间，付出了太多的牺牲，经历了太多的磨难。她想起小时候跟图书室管理员说的话，决定把这本书送到图书室去。

图书室管理员早已故去了，小图书室也已变成了图书馆。她打听到现任图书馆管理员的名字后，就给他写了一封信，说明了当年的故事，并把自己的书赠送给了图书馆。

走向成功的分析　她就是这样矢志不渝，不懈努力，在经历了38年的奋斗后，终于梦想成真，将自己写的书放在了图书馆最显眼的地方。如果没有坚不可摧的韧性与耐力，这个梦就永远只是个梦！因此，永远不要轻易放弃，因为成功永远在前面。

走向成功的感悟

人们的热情常会稍纵即逝，唯有具备坚定的信念无所动摇，才有可能促使人披荆斩棘勇往直前。马克思写《资本论》前后用了四十年时间，李时珍为编著《本草纲目》毕生踏遍重重青山，寻遍世间百药。正所谓：精诚所至，金石为开。

当人生的不幸与生存的困苦，全都集中在某个人身上时，那这个人要么就像秋天的落叶那样，悄然无声地被尘埃所掩埋；要么就像巨石下的小草，千方百计地摆脱压迫，坚韧不屈地挺直身躯，向天生长。

行善比作恶明智，温和比暴戾安全，理智比疯狂适宜。

（英）罗·勃朗宁

22. 仁义：仁者无敌，义者无私

仁义是指宽惠正直，仁爱又正义。"仁义"二字出自《礼记·曲礼上》："道德仁义，非礼不成。"所以仁义是儒家的重要伦理规范。到了汉代，董仲舒"罢黜百家，独尊儒术"，把"仁义"作为传统道德的最高原则。凡属仁义者皆具有谦和的品德，具有忘我的品行，具有舍生取义的无畏心态。而做到谦和、忘我、舍生取义，则需要有高远境界与高深修养的铺垫。

走上成功的阶梯 在大多数人心目中，"自我"与"他人"的概念同时存在。若逢事倾向于自我过多，便不会更多地去顾及他人；若是能够主动地付出自我或适当节制自我，他人就会从中受益。一般而言具有仁义之心者，方能心甘情愿地做到这些。

我和妻子都是摄影工作者，所以自然风光对我们夫妻而言有着极大的感召力。为能拍摄到一组反映海岛风光的照片，我们来到异国的某个岛上。这里绮丽秀美的自然景致，不仅让我们大饱了眼福，同时也让我们收获了极好的照片。结束工作后，我们带着恋恋不舍之情准备离岛回国。

这天一大早，我们两个人气喘吁吁地提着两个大旅行箱，来到那条不见人影的路边，等待出租车出现。

大约过了1个小时，从相反的方向开过来一辆出租车，妻子高兴地跳起身来，频频向出租车招手示意。但她的手随即放了下来，因为车里正坐着一名乘客。我们正感到万分失意，那辆出租车却在30米开外的地方停了下来，车上的乘客似乎刚好到达目的地而下车了。

我们还没来得及招手示意，出租车已经来到我们身边，妻子一边告诉司机直接去机场，一边兴奋地对司机说："我们真幸运呀，真谢谢你了，司机先生！"

可那司机听后却耸了耸肩膀说："要谢你就谢刚才车上坐的那位先生，因为他是特意为你们而提前下车的。"

司机见我们疑惑不解，就接着解释道："那位先生本要去更远的地方，但是当看到你们后就在这里下了，好让你们乘车。他说这么早就拿着行李箱站在路边，肯定是去机场乘飞机的。如果是这样，肯定有时间限制。我现在又没什么急事，不如就在这里下车，等待下一辆出租车。所以，你们要谢就应该谢那位主动让车的先生。"

我们听后又惊讶又感动，就恳请司机再绕道回去面谢那位先生。当车经过那位先生身边时，妻子从车窗向那位陌生人大声地道谢。而他则冲着我们挥手示意并微笑着说："这算不了什么，祝你们旅途愉快。"

走向成功的分析　那位陌生的乘客与这夫妻二人萍水相逢，本谈不上有什么交情。但是，当他看到这对夫妻的行李箱便联想到他们可能去机场，而按照惯例去机场是需要赶时间的，所以便萌生恻隐之情，主动让出了出租车。能看到他人的需要，能替他人着想，在行动中能主动地谦让他人，这无疑是仁义之举。当他人需要帮助时，你能主动伸出手，并将其看成自己的责任，证明你也是位道德高尚的仁义之士。

走上成功的阶梯　当一个生命离开母体来到人世间后，虽然从肉体上断开了与母体的连接，但是"妈妈"二字已经深深地刻印在其心田，且毕生中将不再分离。妈妈的慈爱，也将毕生持续地哺育着孩子去经历和成长。

那年，因为意外受伤，小玲住进了医院。姐姐便从外地赶回来陪护她，在医院她们姐俩亲眼目睹了一件十分感人的事情。

病房里有位女孩儿，她是因车祸住进医院的，从进来的那天起就始终昏迷不醒。在昏迷中，女孩儿不停地喊着：妈妈，妈妈！而女孩儿的爸爸则手足无措地坐在病床前，神色凄楚地看着女儿，不知该如何帮助她解脱痛苦，只是不停地向医生哀求："请您救救我的女儿，一定要救救我的女儿！"

有个护士低声问那位父亲："这孩子的妈妈呢？你为什么不叫她妈妈来？"那位父亲听后埋下了头，低声说："我们离婚很久了，现在我真的找不到她。"

护士听后皱紧了眉头，默默坐下来，轻轻握住女孩儿冰凉的手，柔声地说："乖女儿，妈妈在，妈妈在这里。"

那父亲抬起头先是吃惊地看着护士，随即脸上布满泪珠，连声说："谢谢，太谢谢，真是太谢谢了！"

女孩儿似乎听到了妈妈的声音，也一声声地喊着："妈妈，妈妈，妈妈！"那护士仍是紧握着女孩儿的手，一声声地应答着："乖女儿，妈妈在，妈妈在这儿！"其实，这个护士的年龄与那个女孩儿相差并不多，而且她还没有结婚呢。

女孩儿这时就像是落水者抓到救命的稻草，死死攥住护士的手，呼吸也慢慢地均匀下来，这意味着她已经开始从死神那里逃离出来。

在以后的日子里，那位护士真的就像妈妈一样，有空就守在女孩儿床边，握着她的手跟她说话、讲故事、轻轻地唱歌……直到女孩儿完全苏醒过来。

医生对女孩儿的父亲说："她能够苏醒过来，真是个奇迹呀！"

女孩儿苏醒后对父亲说："我在昏迷中感觉到妈妈在用那温暖的手，一直牵引着我，把我从那个黑暗的、冰冷的深井里拉了上来……"

当人们纷纷把赞许敬佩的目光投向那位充满爱心的护士时，她秀丽的脸庞开始微微泛红，说："母爱可以拯救一切！"

走向成功的分析　在女孩危难中，护士也许是出于职责，也许是出于女性天生的母爱之情，义无反顾地承担起了妈妈的角色，与女孩儿的手紧紧相握，给女孩儿以巨大的能量，使她最终从死亡的边缘逃离了出来。你眼里能否看到他人的困境，你能否在这种时刻毫不迟疑地就去替他人解危呢？特别是当你并不具备多少优势，对稳妥化解矛盾和有效制止危机发生也并没多大把握，甚至于个人也会因此受到某些影响时，你能不能不加考虑、义无反顾地去倾囊相助呢？假如你具有强烈的同情心，并不在意个人的得失，那你必定会像女护士那样，非常自然及时地拿出自己的仁爱之心，助人一臂之力。

走上成功的阶梯　古人云："感人心者莫先乎情。"至仁至爱、重情重义是中华民族千古流传的美德，就像是窖藏的百年陈酒，经久不息地散发着浓郁的醇香。即使在身居国外的侨胞身上，也能得到淋漓尽致的体现。

在凤凰卫视的某次台庆晚会上，著名主持人杨澜讲述了自己采访生涯中所遇到的一段感人至深又令人惊讶不已的故事。

美籍华人崔琦于1998年荣获诺贝尔化学奖，杨澜前往美国对其进行专访。经过交谈，杨澜得知崔琦出生于农村家庭，其父母都是一辈子大字不识的朴实农民。但是，崔琦的母亲却颇有远见，让家里人咬紧牙关省吃俭用，在崔琦12岁时送他出村去求学。谁曾想到这一走，竟成了崔琦与父母之间的永别。他因学业及工作之故辗转于香港及美国，并最终成为世界名人，而这期间他始终没有机会返回老家河南看望父母双亲。

谈话进行到这里，杨澜便问崔琦："在你12岁那年，如果不是外出读书，那结果又会怎样呢？"

也许人们都会想到，崔琦的回答应该是：这样我会永远成不了名，也许现在还在河南农村种地。

但是，崔琦的回答却出乎所有人的意料："如果当时我不出来，或许在三年困难时期我的父母就不至于饿死。"说到这里，这个在实验台前坚定、执著、果敢的成功人士，竟然流下了两行热泪。

当时杨澜也跟着落泪了，她在那一刻多么希望当时聘请的两位美国摄影师能够为此推出近景或特写镜头，将这感人的情景记录下来。

但让杨澜吃惊的是，在审片时，她真的看到了她所希望看到的特写镜头。杨澜便问两位摄影师："你们并不能听懂中文，怎么就会及时地拍下如此感人的场面呢？"

摄影师答道："你们不是在谈论妈妈吗？在全世界，妈妈这两个字都是相通的。"

一边是世界名人，一边是深情挚爱；一边是无上的荣誉，一边是母子亲情。崔琦都毅然地选择了后者，这也正是众多海外龙的传人对亿万国民的牵挂和眷念！

走向成功的分析　杨澜的感动和吃惊，皆起因于崔琦朴实无华、仁义敦厚的回答。在这极其平凡的话语中，尽情流露着他对父母的深深缅怀和愧疚。你对感恩之情是怎样理解的？对于父母的养育之恩、老师的教育之恩、社会的接纳之恩、同事及领导的信任提携之恩等，是不是都应该给予回报呢？其实，最好的回报就是你也能如同他们那样，以仁爱之心去为他人尽力地奉献自己的才华。

走上成功的阶梯　当大难临头时，也是对人性的深刻检验。在这种关键时刻，人们会将其灵魂全部向外界敞露，平日里那些见不到的精灵，也会以最为真实、最为震撼人心的面目出现。

唐山大地震无疑是人类遇到的巨大灾难。整个城市瞬间被夷为平地，几十万人葬身其中，无数家庭支离破碎。至今人们仍对此记忆犹新，这其中有段感人故事更是让人难以忘怀。

那是在地震后的第三天，参加救援的战士们发现了两个压在废墟中的人。巨大的房梁压在他们身上，一头压住了一个女人的下半身，另一头则死死压住了一个男人的右上身。那段塌落的房梁太长，要想搬移只能由一头开始，但是不论移哪头，只要是稍微搬动，另一头就会引发新的塌陷，被压着的人将必死无疑。被压在房梁下的女人和男人也同时意识到了这一点。

这边的男人说话了，声音缓慢但却非常坚定："同志，你们把她救出去吧！她可是我们京剧团的台柱子，有很多人喜欢听她唱京剧。"

另一头的女人听见了，急忙打断男人的话："不行，他是我们的团长，团里的一切都靠他支撑，先去救他吧，团里没他肯定不行！"

男人摇了摇头说："我不行了，救出去也活不了多久。况且我已年过半百，她还年轻，今后的路还长着呢。"

女人则急忙辩解说："你在骗人，你曾对我说过，只要搬起房梁你就会像兔子般蹿起来。"

男人笑了，有些不好意思说："那是我怕你闷，穷逗你开心的。同志们，快去解救她吧！"

女人这时哽咽着说："团长，我单身一人无任何牵挂，你还有嫂子和儿子。你刚才还对我说过，获救后一定要带他们去北戴河旅游呢。"

男人神色黯然，沉默了一会儿说："不过，去北戴河是你嫂子多年的心愿……这样吧，你得答应我一件事，等你身体恢复了，抽空带你嫂子、侄子去趟北戴河，让他娘俩去见见大海。"

女人已是泪水洗面，泣不成声地说："不行，团长，他们不能没有你。"

战士们听着男人和女人不停地劝说人们去救对方时，眼里充满了泪水，大家的心情异常沉重，但一时的确找不到同时解救二人的办法来。

又是一阵余震，房梁上的瓦块摇摇欲坠，男人见状着急万分，以不容争辩的强硬口气说道："同志们，我是党员干部，有责任保护群众的利益和生命。别再拖延时间，大家一齐动手去救她。我在这边唱歌给大家鼓劲。"说完他使尽平生气力唱起大家熟悉的京剧段子："共产党员，明知征途有艰险，越是艰险越向前……"战士们都哭了起来，此刻他们只恨自己能力有限，恨那可恶的房梁，恨这场突如其来的灾难！他们强忍悲痛小心清理着女人身旁堆积的破砖烂瓦，汗水、泪水、手指上的血水交替着滴在废墟上，留下斑斑痕迹。女人此刻早已泣不成声，听任泪水在脸庞肆意流淌。

当女人被救出来时，房梁另一头轰然倒塌，但那里曾经发出的歌声仿佛依旧回荡在整个上空。

走向成功的分析　团长和女演员都被深深地压在废墟之下，生命受到严重威胁。但是，他们彼此都极想把生的机会让给对方，并且找出很多理由来说服营救人员先去救对方。当年轻演员从废墟中脱身之刻，团长却永远地从这个世界上消失了。人们敬畏生命，珍惜生命，这是天经地义的，因为生命对于每个人而言只此一次。在生命取舍的关键时刻，仁爱之心会将人的精神极大升华，使人做出将生的希望留给他人的决定。

走向成功的感悟

人的生命只有一次，人们十分珍爱生命，那么就理应学会该如何以仁爱之心去拯救生命。每当这样做时，我们心中都应十分明了：谁都会在乎和珍惜生命的！仁义与慈爱相同，仿佛就是盏明灯，既照亮别人也温暖自己。由仁义之情所催生的情感，自然也就像是绚丽的鲜花，以自身美丽感动所有的人，同时也为自己获得丰收的果实。

不管努力的目标是什么，不管他干什么，他单枪匹马总是没有力量的。合群永远是一切思想善良的人的最高需要。

（德）歌德

23. 团结：单丝不成线，独木不成林

团结是指人与人联合起来，共同完成设定的目标。团结一词一般对集体而言。对于一个集体，团结是最重要的。世上的人千差万别，各人的利益也各不相同。要使大家向同一个目标努力，就需要求大同、存小异、万众一心、齐心协力地去完成共同的目标。

走上成功的阶梯 每个人都想追求美好的生活，但一个人的能力往往有限，当大家分工合作、目标一致时，这一追求往往才会容易实现。

时逢 6 月，在这个小镇上，每年的这个时候，大人们都会给每个小孩准备一个漂亮的小碗，将其放在家中，然后全家人外出去收集大自然点点滴滴的变化，以体会夏天的到来。等到人们返回家时，孩子们便会惊喜地发现那些空碗里竟然装满了好吃的冰淇淋。每当这时大人就会告诉孩子们，这是仙女姐姐送来的礼物。

　　9 岁的彼尔是个非常聪明的孩子，他似乎对这类事情心知肚明。所以当那天又要来临时，他便冲着家人诡秘地眨着眼睛，显示出一副早知根底的得意样子。他想：假如我们全家人都外出，父母无论是谁在半途借口去取什么遗忘的东西，然后独自返回家中，那我就会将神秘的冰淇淋是从何而来说个明明白白！

　　晚上终于到来了。像往常一样，全家人照例外出收集大自然的树叶和石子等。途中，彼尔的爸爸说："真烦人！我把钥匙忘在家里了，我得回去取一下。"彼尔在听到爸爸这样说时，就非常得意地望着他，嘴角露出不屑一顾的笑意。

　　但爸爸又突然停下脚步，返身走回来说："真有运气，原来我把它们放进了提包里，没有必要回去了。"于是，他继续领着全家人向前走去。直到开始返家前，彼尔的家人始终都在一起，任何人都没有离开过。彼尔见到这样的结果实在出乎意料，开始感到有些茫然了。就在快要进家门时，妈妈提醒到："孩子们，也许这会儿仙女姐姐还没来呢。"彼尔则一语双关地说："是的，也许'仙女姐姐'今天不会来了，因为她不会分身术。"

　　可是，彼尔走进家门后便呆在那儿了。原来，放在桌上的空碗中照样装满了好吃的冰淇淋！这时彼尔连一句话也说不出来了，面带尴尬地来回看着大家，露出一副百思不得其解的样子。整个晚上，平素最爱吵闹的彼尔竟然沉默不语，一直独自思索着什么。半夜里，他钻进妈妈的被子，苦苦哀求妈妈告诉他这到底是怎么回事。

于是，妈妈便对他说："我们知道你对家人起了疑心，于是就请邻居家的姐姐帮忙，趁我们都外出时由她来完成今天的童话故事。"

走向成功的分析　彼尔因自恃聪明而过于自信，他猜出了"仙女姐姐"的神奇故事是大人们所导演的，就对此不屑一顾。父母知道彼尔的疑心后，料定他并不了解这个故事背后的深层含义，于是决定团结邻居，在他们的帮助下，依然完美地演绎了"仙女姐姐"的故事，给了彼尔一个小小的教训。人要去做一件事，单枪匹马往往会遇到很多难于解决的困难。但是如果能够与更多的人合作，说不定很快就会获得成功。在寻求合作时，双方的相互信任很重要。相互尊敬和信赖，襟怀坦诚，朝着共同理想携手奋进。与他人开展的合作越多越广泛，所能完成目标就越多越高远。

走上成功的阶梯　凡事都会存在必然的因果关联，这种关联有时会以不可思议的方式出现，尤其当人们主动去解救他人的危难时，这种难得一现的机会便会意想不到地出现在你眼前。

在一次激烈的战斗中，上尉发现一架敌机向他们坚守的阵地俯冲过来，他正要就地卧倒时，发现距离他四五米远的地方，有个新入伍的小战士还呆站在那里。于是，他快步冲过去，一个鱼跃飞身将小战士紧紧压在自己身下。此时，炸弹爆炸的巨声响起，飞溅起来的泥土纷纷落在他们身上。过后，上尉起身抖掉身上的泥土，抬头一看顿时惊呆了：原来，就在自己刚才站立的那个地方，已经被炸弹炸开了两个深深的大坑！

故事中的小战士是幸运的，但是更加幸运的是故事中的上尉，因为他帮助了别人，更帮助了自己。

走向成功的分析　实际生活中，每个人都会遇到各种难事，但我们是不是明白：在前进路上，当我们帮别人搬开他脚下的绊脚石时，恰恰也为自己铺好了路！随着现代社会的进步，人们生活的各个方面均出现很大的变化，各种错综复杂的关系会导致新旧矛盾同时出现，这些矛盾会在人们中间形成阻隔，尤其是在人们内心形成阻隔。假如这种状况不能及时消除，人与人之间的合作精神就会越来越被弱化，那么社会发展的空间恐怕也会越来越狭窄。

从前，有一个幸运的人被上帝带着去参观天堂和地狱。

他们首先来到地狱，只见一群人围着一只大锅，锅里盛着满满的香气扑鼻的肉汤，但这些人看上去都营养不良、绝望又饥饿。仔细一看，他们每个人手里都拿着一只可以够到锅里的汤匙，但汤匙的柄要比他们的手臂长很多，所以他们没有办法把肉汤送进嘴里。他们看来非常悲苦。

紧接着，上帝带他进入另一个地方。这个地方和先前的地方完全一样：一锅肉汤、一群人、每人手里一把长柄汤匙。但这里的每个人都很快乐，喝得很愉快。上帝告诉他，这就是天堂。

这位参观者很迷惑：为什么情况相同的两个地方，结果却大不相同？最后，经过仔细观察，他终于得到了答案：原来，在地狱里的每个人都想着自己舀肉汤；而在天堂里的每一个人都在用汤匙喂对面的那一个人。结果，在地狱里的人都挨饿而且可怜，而在天堂的人却吃得很好。

走向成功的分析 通过以上的故事，相信大家对于天堂和地狱有了直观的认识。当然，关于天堂的故事只是一个寓言，让人明白在客观条件相同的条件下，为什么有人进了天堂，有人却只能进地狱。同样的锅，同样的勺子，天堂的人当然也不能把自己勺子的汤送到自己嘴里，但他们心里有他人，当他们送不到自己嘴里时，却可以送到对面的人的嘴里，每个人都这样想，每个人就都喝到了肉汤。所以，在面对难题时，互相帮助、互相协作，心中想着他人的利益，问题常常迎刃而解。

走上成功的阶梯 在团队合作中，每个人都应真诚无私，联合作战，而不可只打自己的小算盘。只有每个人都认真负责地对待自己的工作，以他人、集体利益为重，才能形成凝聚力，增强战斗力，最大限度地挖掘集体的潜力。

三只老鼠同去一个油缸偷油喝，由于油缸太深，单个老鼠够不到，它们就想了一个办法：一只老鼠咬着另一只老鼠的尾巴，接成一串下到缸底去喝油，大家轮流，这样就都能喝到油了。

第一只老鼠最先下去，它想，油就这么多，大家轮流喝一点也不过瘾，今天算我运气好，干脆自己跳下去喝个饱。夹在中间的老鼠想：下面的油没多少，万一让第一只老鼠喝光了，那我怎么办？我看还是把它放了，自己跳下去喝个痛快！第三只老鼠也暗自嘀咕：油那么少，等它们两个吃饱喝足，哪里还有我的份儿？倒不如趁这个时候把它们放了，自己跳到缸底饱喝一顿。

于是，第二只老鼠放开了第一只老鼠的尾巴，第三只老鼠也迅速放开第二只老鼠的尾巴，它们争先恐后地跳到缸里去了。最后，三只老鼠都淹死在了油缸里。

在南美洲的草原上，有一种动物却演绎着迥然不同的故事：酷热的阳光下，山坡上的草丛突然起火，无数蚂蚁被熊熊大火逼得节节后退。火的包围圈越来越小，渐渐地蚂蚁似乎已无路可走。

然而，就在这时出人意料的事情发生了：蚂蚁们迅速聚拢起来，紧紧地抱成一团，很快就滚成一个黑乎乎的大蚁球，蚁球滚动着冲向火海。尽管蚁球很快就被烧成了火球，噼啪作响，最外面一层的蚂蚁很快就被烧死了，但蚁球快速滚动，终于滚出火海，更多的蚂蚁得救了。

走上成功的分析　喝油的老鼠是聪明的。当它们以各自的能力无法够到缸底的油时，想到了团结合作，让大家接起来达到最终都喝到油的目的。但事情进行到一半时，老鼠们却起了私心，怕别人抢占了自己的利益，就放弃了最初的计划，结果都淹死了。而抱成团的蚂蚁则令人感动。当它们面临生死的选择时，勇于放弃自我，成全集体，最终获得了种族的生存。以上故事中的老鼠和蚂蚁，哪个值得我们学习，哪个我们应该唾弃，显而易见。

走上成功的阶梯 所谓集体是指由许多人合起来的有组织的整体，跟个人相对。所谓团体，是指有共同目的、志趣的人所组成的集体。既然大家有共同的目标，有相同的志趣，就要不分彼此，以集体利益为重，为了共同的目标而努力。

身体四肢的各个位置，是与生俱来的，不是任何方法可以强加的。

一天，在五官大会上，耳目口鼻发布宣言：我们位置最高，何等尊贵。那脚，位置最低。我们要约法三章，不能与它走得太近，更不能跟它称兄道弟。

大家都表示没有意见。

脚听了，并没有理会他们对自己的蔑视。

几天后，有人要请吃饭，口非常想去，想一饱口福，但脚不肯走。口没有办法，只好放弃了。

又过了几天，耳想听听鸟叫，眼想看看风景，而脚仍然不肯走，耳目也无可奈何。

大家便商量改变原来的决议。但鼻不肯，说："脚虽然能制服你们，可我并不对它有什么要求，它能拿我怎么办呢？"

脚听了，便一走走到肮脏的厕所前，长久站着不动。来自厕所的气味直扑鼻孔，鼻子恶心得受不了了。

肠和胃也大声埋怨道："你们在那里闹意见，为什么叫我们遭罪，我们招谁惹谁了？"

走向成功的分析 在一个集体里，每个人的作用都是无可取代的。只有每个人精诚团结，才能达到想要的目的。任何一个人思想懈怠、行动放松，都不能使集体正常行动。故事中的各个器官只顾自己而不顾他人，最终的结果我们也看到了：什么事也干不成。

走向成功的感悟

在人们遇到的困难中，当个人能力无法达到时，集体的力量往往可以轻松解决。所谓人多力量大，但人只是数量多还不行，还要团结，所谓团结就是力量。心往一处想，劲往一处使，共同协作，才能达到远大的目标。我们身边有很多优秀的榜样值得我们学习，我们应该见贤思齐，择善而从。

善辩的天赋是一种把智者仅仅思考的思想说出的才能。

（英）哈代

24. 善辩:能言善辩,通畅无阻

辩论是指用一定的理由来说明自己对事物或问题的见解,揭露对方的矛盾,以便最后得到正确的认识或共同的意见。那些知识丰富、能说善辩、旁征博引、机敏灵活者,往往会根据中心目的去引经据典,用极具说服力的观点、论据等,成功地向对方的意志、信念、决策等施加深刻的影响,使之更加符合于自身的出发点与自身要达到的目标。

走上成功的阶梯 俗话说:"锣鼓听音,说话听声。"有人在台上发言,虽然洋洋万言,口干舌燥甚为辛苦,但是台下却毫无反应；有些人却能引经据典，结合实际，生动活泼，深入浅出，台下饶有兴趣，群情亢奋。那么，两者之间谁的语言能力更强呢？

有位叫张果宁的台湾经济学者，两手空空来到大陆。他了解到当时两岸经济文化之间的差异，敏锐地看出直销业将在大陆拥有广阔的市场前景，于是决定去做这个行业的开拓者。他依靠演讲、出售演讲录音带、录像带和书籍，实现了心中久久期盼的创业梦想。

他在演讲中联系实际宣传新观念，通过实际事例增加听众的感性认识，恰到好处地引经据典提升听者的兴趣，风趣而轻松的现场互动带动了全场的气氛，结果收到了极大的成功，来听演讲的人很快由十几个增至上千个。经过几年的不懈努力，他积累了几百万资本，成为直销界的"金牌讲师"。后来，他演讲的出场费竟然高达数万元之多，真是句句皆是金。

张果宁演讲时的亮相非常独具一格，他总是从会场后面大步走向台前，途中还与听众频频握手，然后在台前双手伸开向全场致意，和一些明星的出场颇为相似。在他看来演讲是最容易造就知名度及形成影响力的"超级商品"。他对人们说："刘德华、张学友是怎样成为富翁的？就是有成千上万的人被他们的表演才能所吸引，愿意花钱买他们演唱会的门票、录音带和CD，非常希望能有跟他们接触的机会。这样就把那些分散的资源全部吸收集中在自己身边，成功的业绩当然会不断提高。"

张果宁把自己的演讲成功秘诀，通过与明星的对比，讲得一清二楚。这其中能言善辩的非凡能力，是使他走向成功的阶梯。

走向成功的分析　把先进的理念、思想和方法向全社会传播，以便引发更大范围和更深层次的改革与创新，推动社会向前发展，完成如此重大的使命需要各方面的人才来共同努力，这其中便不可缺少口才极佳者。因为，他们与大众的交流更为直接、更为有效。你是否具有善辩的能力？你也许认为善辩很难，其实善辩首先要具备的是大胆开口。如果你在众目睽睽下不敢开口说话，或者即使勉强张口也是声弱如蚊，那么你所要表达的内容即使非常丰富、非常创新，结果也没有多少人愿意倾听，原因就在于听众根本不知道你在说些什么。所以，你应该建立自信心，敢于面对众人，敢于表达自己的见解，不要顾虑自己的见解表达后会遭人反对，重要的是非常清楚、非常自信地将自己的观点展现出来。

走上成功的阶梯　如果借用具有煽动性的字眼，能有助于你说明问题的重点，借助强有力的词汇，更能加深你陈述的效果，那么就应毫不犹豫地使用，以便顺利达到预期目的。

有位叫巴利·费伯的广播电台名嘴，是倍受人们欣赏的演说家。他总是独具一格地进行演讲，从来不用诸如"急得就像热锅上的蚂蚁"这类老套的形容词。他在向众人描述自己曾丢掉工作的情景时，所选用的生动比喻是：我就像一只吊在悬崖上的大象，只能用细小的尾巴紧紧抓住一朵小花。当他看到面前有漂亮女人出现时，就这般来形容自己的垂青：我直看得眼珠都凸出来了，全靠眼视神经拉住这才没掉在地上。

有人问他："费伯先生，你是怎么想到这些妙句的？"

于是他半开玩笑地假意斥责道："我爸爸才是费伯先生，我叫巴利。"其实他是想告诉人家，叫我巴利。然后他才坦白地告诉提问者，有些说法是完全凭经验积累自创的，有些则是从别处临时看到借用的。

巴利像所有演讲家一样，每星期都要花好几个小时捧着名人录或幽默小品细读精究。这是每个语言高手的必修功课。他会经常注意收集一些经典名句，然后细心地整理分类汇编，以便能在不同场合脱口而出，尤其是在毫无准备地遇到尴尬时。

莉莉·华特是许多作家和演讲家的经纪人，她曾写过一本名为《演讲台上的解围妙招》的书。在这本书中她用了大量的生动语言，以教会人们在遇到尴尬困局时，如何利用机智、风趣的言语让自己从容解脱。比方说，当你说了个笑话，而听众毫无反应时，你不妨可以试着说：刚才那个笑话就是要达到现在这般无声的效果。又比如，当遇到麦克风发出吱吱嘎嘎的怪声时，你可以瞪着它说：奇怪，我今天早上明明刷了牙啊！再比如，当他人问到你并不想回答的问题时，你可以说：我们姑且先保留这个问题，等我把话全部说完上路回家后，再来细细研究它。

走向成功的分析　所有的名嘴都会遭遇事先设想不到的尴尬困局。但正是由于这些情况的发生，才引出了他们那些精辟的语言。为了使自己的语言更能打动人心，你必须广泛增进各种知识，虚心吸收他人的语言精华，努力提高个人文化与文学素养，增强个人演讲才能。只要功夫做到家，便会得到众人的认可与好评。你要留心积累知识，阅读经典范文，可以用精美文品作为演讲的练习稿，提升自己的辩论才能。

走上成功的阶梯 好的口才有时可以抵过千军万马的力量，在千钧一发的关键时刻，有效解决难题，甚至反败为胜。可见，练就能言善辩的口才，对于人们的事业成功至关紧要。

秦国意欲吞并六国称霸天下，便派遣武将率领数十万大军猛攻韩国及赵国。虽然这两个弱小国家也做出了奋力的抵抗，怎奈秦军势如洪水猛兽，锐不可当，眼看着要被秦军消灭了。

韩、赵两国的国君不甘亡国之苦，于是火速商议退兵之策。几经权衡，最终决定派口才出众的苏代携大量钱财前往秦国，到秦丞相范睢府上去游说，以求让秦国退兵。

苏代身负国家存亡重任来到秦国，拜见范睢后，一边展示献给范丞相的所带去的珠宝玉器，一边巧言善辩地把每件珍品大大品评了一番，使得范睢喜不自禁，渐渐对苏代的拜访目的失去了应有的警惕。

苏代接着又用三寸不烂之舌，拣尽天底下最好听的话，把范睢从头夸到脚，从内吹到外，乐得范睢飘飘然不知所以然。

苏代觉得时机已经成熟，就趁热打铁问范睢："贵国武将白起，擒住了赵国的武将赵括，这件事情你可知晓？"

范睢点点头说："我已听说过了。"

苏代于是又问："那么白将军就要攻打赵国邯郸这件事，您也定是有所耳闻了吧？"

范睢又点点头说："是的，我也听说了。"

苏代便开始对范睢实施心理战术，他做出一副担心的样子说：
"赵国一旦灭亡，那么贵国称霸中原就是理所当然的了。而这其中白
将军的战功最大，必然会升官加爵喽！"苏代说到，偷偷看了看范睢
的表情，接着说："这也难怪嘛！人们都在四下议论，说白将军的
战功的确了不得，在秦国简直无人能比。人们甚至还相传，论功封
爵，白将军非三公莫属！"

说起这三公高爵，其不但地位高高居上，而且权势及财势更大，
满朝文武，谁都梦想有朝一日能爬上去风光一番。

苏代用非常惋惜的口吻说："可惜呀，真可惜！坐上三公爵位
的是白将军而不是你范丞相。谁都知道，你与白将军素来就难分高
下，在国君面前平起平坐。这下可好！白将军要官升至三公了，你
再见到他时恐怕也得低声下气，唯唯诺诺了。如若那样，对你而言
岂不是太不公平，让你在文武百官面前还有何颜面啊！"

苏代见范睢听了他的话后若有所思，眉头紧紧拧在一起，就继
续说道："这个局面真让人难以忍受！但不忍又有什么办法呢？真
让人发愁啊！所以你得趁白将军现在还未成就大功，想法子阻止他
在朝野中的人气。你可知道，以往秦国夺得他国的土地之后，那里
的百姓黎民就会四下逃散，如今若攻下邯郸城，人们也将会逃个精
光，仅留下空城对秦国也无益处。要想既得地又得人，以在下的愚
见，还不如请国君下令让白将军暂时收兵，仅虚张声势，逼迫赵国
及韩国自动献上土地和黎民，这岂不是一举数得的好事吗？"

在苏代滔滔不绝的游说下，范睢终于上了套。他立即起身进宫，
向秦王奏请道："出征的兵马，连连征战，已经疲惫不堪，如果不
及时收兵，接下来恐怕就要吃败仗了。所以恳请秦王下令，暂时撤

回军队休整，并通令韩、赵两国割地议和，此举既可夺得两国的土地与庶民，也可保存我国军队的实力。"秦王一向尊重丞相范雎的奏议，此番也觉得他说的不无道理，所以马上下令让白将军撤兵回师了。

走向成功的分析 即便所有军队在阵前拼力厮杀也难以解除的深重危机，仅靠一张能说会道的利嘴竟然化解得无影无踪。看来，善辩的口才也是有效的武器，其威力之大不仅可以替代数万大军，还可以避免流血牺牲、生灵涂炭。你想过没有，为什么仅凭一张嘴就能取得如此大的成功，难道所面对的人都是很容易哄骗的傻瓜吗？其实，善辩的功能就是把对方在瞬间变成"傻瓜"，然后使其无条件地全盘接受善辩者的观念与想法。所谓善，就是要善于抓住对方的弱点，善于攻破对方的心理防线，善于调动对方的情绪，善于制造对方感兴趣的事端；所谓辩，就是要明辨是非界限，明辨问题的症结所在，明辨何为正负何为对错。当这些你都可以做得滴水不漏时，你便大功告成了。

走上成功的阶梯 说话要说到点子上，才会起到效果。那么，这个点子该如何去寻找与把握呢？无非是在于起点高端、技巧灵活、寓意深远、立意创新。

当年，美国的约翰·艾伦在一场言辞激烈的国会选举中，曾运用了几句幽默的话句，使得自己最终获得胜利，并因此名扬全国。

当时与艾伦竞争的对手是与他旗鼓相当的军界人物陶克将军，

这位将军曾在内战时功勋卓著，并担任过数届美国国会议员。

在发表竞选演讲时陶克将军说："诸位亲爱的同胞或许还都记得，就在17年前的昨夜，我曾带兵在山上与敌人展开激烈的血战，并在野外树丛中睡了一晚。如果诸位没有忘记那次艰苦卓绝的战斗，那么本次在选举时请不要忘记这位曾吃尽苦头、风餐露宿地取得伟大战绩的人！"

他的这番演讲，立刻打动了许多在场的听众。但轮到艾伦演讲时，他仅用了几句轻松的言辞，便后来居上，稳操胜券了。

艾伦是这样说的："同胞们，陶克将军说的的确不错，他的确是在那场战斗中享有空前的盛名。但是就在那时，我曾在他手下担当着无名小卒，除了要替他出生入死，冲锋陷阵，还要在他在丛林中安睡时，携带武器，站在荒郊野岭，饱尝寒露冷风的侵袭而保护他的安危。诸位在想起当时的情景时，如果同情于陶克将军，当然应该去选他；如果是同情我，自然应该来选我。我或许对于诸位的选举，当之无愧！"

这几句话，说得满场听众心悦诚服，转而争相将选票投向于他的名下。不久，他便以国会议员的正式身份走进了国会大厅。

走向成功的分析 艾伦的竞选演说，非常巧妙地借用了他的对手陶克将军之前演说的吸引力，只是增加了对于他自身经历的陈述，既没有过多的自我炫耀，也没有过多的词藻修饰。但是，他却明确地告知人们，我就是你们最感兴趣的那个杰出者，因为我所做的一切都有德高望重的陶克将军亲自证实。他的这些表述，足以打动那些投票人。善辩者不一定非要先声夺人，艾伦不就是后发制人的吗？善于观察审视，善于及时出击，才是获取成功的基本条件。

走向成功的感悟

很多人都想让自己能言善辩，但又认为自己性格内向，胆小怯懦。其实天生巧舌善言的人并无几个，大部分还是靠后天锻炼培养而成的。羡慕别人的好口才，不如从现在开始就训练自己。首先要自信，自信的人说出的话才有分量。其次要注意学习，积累经验。也可以通过阅读书刊、欣赏电影、倾听别人说话来学习说话的技巧。再一个要坚持，才能也是靠日积月累的，不是一步登天的。

才华是刀刃，辛苦是磨刀石，再锋利的刀刃，若日久不磨，也会生锈。

老舍

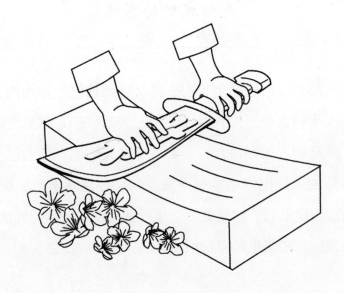

25. 才华：锋芒毕露，收放自如

才华是指人们通过学习与实践的积累，在从事各项活动时所表现出的不同凡响的能力。顺利完成某些活动所具备的能力，其实正体现着人们的才华。由于每个人的才华各不相同，面临事物时其表现方式和发挥程度也各不相同。所以，对于才华的衡量，并不存在统一的标准，而是因人而异的。

走上成功的阶梯 鲁迅说过："即使天才，在生下来的时候的第一声啼笑，也和平常的儿童一样，决不会就是一首好诗。"才华与能力是在人的生理素质的基础上，经过后天的教育和培养，并在实践中吸取多方智慧和他人经验之后方才逐步形成和发展起来的。

2001年9月11日，当恐怖分子驾驶第一架飞机撞击纽约世贸中心双子塔时，有位70岁的老人正在曼哈顿东北侧的公寓里；但当第二架飞机撞击世贸大楼时，他已拿起摄影器材，奔向烟尘弥漫、人群四处逃散的现场。这个始终向着相反方向奔跑，用镜头见证事实的老人，就是英国著名摄影师哈里·本森。

本森在学生时代是个让学校感到十分头疼的捣蛋鬼，他也常自称自己学习的特长是历史及旷课。有时校长甚至不得不敦请他的父母尽快将其从学校带回家，他就是在这样的状况下成长起来的。

本森结束在英国皇家空军做厨师的那段生涯后，便深深地迷上了摄影，直到这时他才意识到自己真正找到了人生目标和人生价值。于是，经过几年非同一般的刻苦实践，本森终于成了一名思维敏捷、视野开阔、技术娴熟的摄影师，还成为不惜用生命去关注历史、见证历史、记录历史的环球著名记者。在他肩背照相机的几十年间，他总是努力寻找发生在身边的新闻事件，总是寻找暴风雨中的那些"风眼"。为了能够拍摄到精彩感人的照片，他曾经刻意去讨好某些声名狼藉者，并与凶手们称兄道弟，还冒充三K党的支持者；他也曾打入穆斯林游击队，拍下俄罗斯战俘和惨不忍睹的受害者；在20世纪60年代的芝加哥暴乱中，有人甚至把上了膛的枪塞进了他的嘴里……这些经历，每次都是生命悬于一发，但他却总是把危险置之度外，用自己的生命实践着"不入虎穴，焉得虎子"的新闻从业信条。

本森先生以他过人的新闻敏感性，用自己手中的相机将许多重大历史事件定格为历史的永恒。他拍下了坐在轮椅上的越南老兵，和双腿截肢的美国士兵在河内握手时的照片；他记录下了尼克松总统被迫辞去职务时，和家人相对泪流满面、辛酸无奈的场景；他所拍摄的里根夫妇亲吻的照片登上了《名利场》杂志；甚至，肯尼迪总统遇刺时，也被他赶上了，当时他正端着照相机暗自祈祷：上帝，千万别让我搞砸了，这可是历史的真实见证啊……在拍摄这些历史瞬间时，本森告诫自己：只能成功，不能失败，因为你的面前只有这一次机会。

这位取得令许多同行难以望其项背成就的摄影大师，在年轻时代并不比常人早慧，他走向成功的条件，也并不比常人优越。不过，当他确定了与相机相伴一生，用镜头来记录历史的人生目标之后，便将整个生命和能力全部投入到摄影之中！所以他才会一次又一次很"幸运"地拍摄出那些惊世的才华之作。

走向成功的分析　本森先生那种"不入虎穴，焉得虎子"的敬业精神与"我只有一次机会"的意识，使得他能够在第一时间抓住瞬间机会，用自己敏锐的观察力和高超的摄影技巧，将非常难得的事件用镜头记录下来，成为日后弥足珍贵的历史资料。正是他的努力实践与勤奋投入，才使自己的才华得以淋漓尽致地发挥。你是怎么看待自身的才华的？那种怀才不遇、恃才自傲，或是庸碌无为的表现都是不可取的。你有时或许会抱怨自己的才华被人忽视，或者因处境不顺总是感喟自己在虚度韶华，担心自己最终一事无成。其实，每个人的才华与能力均有大小之分，关键在于你能否将它们完全发挥出来。

走上成功的阶梯　两辆同样的车一前一后在奔驰，如果前车速为100千米/小时，那么后面车要跟上前车必须以110千米/小时以上的车速才行；如果同样以100千米/小时车速行进，则后车永远也追不上前车。同理，同时做相同的事情，你要比他人做得更好，就应具备更多的才华。

日本东京有一家名为新都的理发店，每日顾客盈门，生意非常兴隆。

到底这家理发店是用什么妙招吸引顾客的呢？有些理发店及好奇者难免会专门上前去探看究竟。结果，却得到非同一般的发现，原来该店生意好皆是因为对外"出租"女秘书。理发店就是以理发为本，怎么还会同女秘书扯到一起去，人们不用亲临，听到这样的消息，就立刻会产生极大的好奇心。

这个异常新颖的经营创意，来源于理发店里曾发生的某个小故事。

有一天，一位顾客来到店里理发，但不多时，天气骤变，大雨滂沱。也就是在此刻他的手机响了起来，接听后方得知是公司让他立刻将拟好的协议打印出来，并直接送到客户的公司去，对方已在等着接收了。这下可把这位顾客急坏了。他望着窗外的倾盆大雨，抚摸着刚才理到一半的头发，不由得陷于进退两难的困顿之中。经过再三思考，最后他还是放弃了继续理发，遮掩着只理了半边的头，冒着大雨去打印协议了。结果，因为在客户面前显露了一副狼狈不堪的模样，他整整一天心情都非常低落。

此事虽被人们当成了笑话，却提醒了理发店的老板。于是，一个新的服务项目很快在新都理发店应运而生。

经过策划，该店分别雇了办理贸易手续的专家、日文打字员、翻译和两位办理文件的女秘书。如果顾客是带着文件前来理发的，在理发时这些女秘书就会帮他们整理好文件；如果顾客需要打印文件，在理发店里就可以完成；如果顾客需要办理贸易方面的手续，店里的专家也可以为他们提供这方面的服务。所以，顾客在理发时也能如在办公室一样照常办公。

此项服务的推出，很快就吸引了那些整日繁忙的顾客，他们觉得来这理发不仅是个极好的放松机会，而且还可以不浪费时间继续处理手上的工作，岂不是一举两得的美事吗？新都理发店的老板以自己擅长经营的才华，抓住了眼前出现的商机，推出了十分特别的创新服务，使得自己的营业额较前增加了数倍之多。

走向成功的分析　理发店的老板能够把自己的眼光，从人们的头发上扩展到人们的身边，把商务秘书的功能移植到理发店来，就是一种大胆的创新之举。如此做法因满足了部分顾客的实际需求，所以生意做得红红火火。乍看上去，似乎在理发店开办商务秘书服务是件风马牛不相及的事情，可是有些顾客确实存在这样的需求，所以当秘书服务项目开始后，这些人自然会前来享受。理发店的这种创新尝试，其实就是其老板经营才华的具体表现。

走上成功的阶梯　才华既不抽象，也非不可捉摸、虚无缥缈。它是实实在在存在于人们内心深处的巨大能量，同时它也是你梦想成真的得力助手。

据科学家的研究表明，按照大黄蜂体重及其翅膀载重的比例来看，其状态是很不协调的，也就是说它本应飞不起来。但是，实际上大黄蜂还是在满天飞舞着。于是，就有人进一步解释：这是因为大黄蜂自认为有能力飞，所以它就振翅飞了起来！

有位直销业的创始者当初创办这个行业时，他身边的许多专家与朋友都曾劝阻他，认为以他的经历与能力很不适合干这个行业。但是，他偏偏认准了这个行业，并且非常自信、非常坚定地要将其干下去，他认为所谓的才华都是从实践中逐步得来的，不去干才华何来。所以，他硬是顶住重重压力，把这个行业由小至大地做了起来。待取得成功后，他总是称自己就是本行业中异常努力振翅飞翔的"大黄蜂"。他在对业绩突出的下属进行奖励时，就特别喜爱送给他们一些设计成大黄蜂形状的精致胸针。

有位天赋极高的小提琴家不幸患上了严重的癫痫病，必须长期依赖服药来控制病情。虽然如此，可她却一边异常顽强地与疾病作斗争，一边勤奋刻苦地提升本已高超的演奏技巧。直到有一天，连药物也失去作用了，医生只好为她切除了部分病体脑叶。手术过后，医生及众人都认为，她的天赋可能已经毁于一旦，从此再也不会听到那悠扬婉转、美妙绝伦的琴声了。但是，让人们感到意外的是，她高超的演奏才华根本就没有受到任何影响。后经医生们深入研究，才发现原来她从幼年时起大脑就已遭到严重破坏，致使原病体脑叶中对演奏能力的记忆被其他健康态的脑叶逐步地取代了。

显然，意志力超强者的心中总是填充着无限可能，他们自信一切事物皆是可以超越的。只要内心认为"能"，实际就一定"能"。

人们只有驾驭好了"有志"与"有心"这两匹"烈马"，他们的才华的"车轮"才能载着自身希望的巨大"车厢"，在成功之路上奔驰向前！

走向成功的分析 被人们普遍认为能力不足、不能胜任的直销业的创始者，带着远大的抱负与坚定的信念，敢于实践、勤于实践、持久实践，终于从零起步将事业越做越大，且自身的才华也越来越彰显。有天赋的小提琴家虽然才华横溢，但是却被可恶的病魔无情折磨着，她以顽强的意志力同病魔进行斗争，并极力维护自己的才华不被削弱，最终还是将美妙动听的音乐提供给人们去享受。你也看到了，直销业创始者和小提琴家的才华是不同的，但他们有个共同点就是能够在实践中培养自身的才华、应用自身的才华、扩展自身的才华。你也应该像他们这样，不过多地在意身边的议论，不向困难低头屈服，而是坚守自己的志向，倾心于自己所钟情的事业，勤奋刻苦地努力实践。

走上成功的阶梯 一个人如果把自己的目标定得太高或太低，又没有列出详细的实施计划，也不善于对实践进行总结和修正，那么他可能会走上弯路，甚至于走上歧途，将永远到达不了自己的理想彼岸。

有位大公司的总经理，曾经只是很平凡的学生，且在学习方面并没有表现出突出的才华，甚至是依靠家庭教师的帮助，才勉强读完了所有的课程。这种情况使得他内心难免产生了阴影，心绪倍受压抑。他甚至认为自己既没有个性，也不会获得什么成功。

后来，他有幸被选入航校进行飞行员训练。当上飞行训练课时，他突然找到了从未有过的良好感觉，且非常清醒地意识到自己其实非常擅长与喜爱飞行，仿佛自己天生就有这种翱翔天际的才华。他对飞行事业开始了近乎疯狂的追求，并从中获得了非凡的自信心。后来他如愿成为了该国空军的一名非常优秀的飞行员。

退役后他进入了商业领域。他坦然承认自己在经营方面并不像在飞行方面那样才华横溢。但是，他对自己的实践能力却有十分准确地把握。他断定自己的条理性已经在从事飞行学习时得到了很好的锻炼，并且能够及时准确地捕捉重要的信息，这些能力都有助于他获得成功。所以，在实践中他就非常注意充分地去利用和依靠自己的才华，从而在商界取得了骄人的业绩，并最终成为一家大公司的总经理。

走向成功的分析　这位公司的总经理年轻时表现平平，只是在后来的飞行中才真正找到了人生的追求与价值，并表现出极高的才华。在没有建立起明确的人生目标时，他是彷徨不定徘徊不前的，也根本谈不上会做出什么成绩。后来他有了追求的目标，才找到了自信，从此不仅在飞行事业上取得了骄人的成绩，而且在陌生的经商领域里也才华卓著。这表明心有所想，才会事有所成。对于才华的培养，勤奋努力是非常关键的。因为那些天才的想法和发明，多是来自于1%的灵感与99%的汗水。对此，你不要企图去寻找任何捷径，只有坚持努力才会如愿以偿。

走向成功的感悟

古人有诗云："天生我材必有用。"意思是每个人都有自己的闪光点，只是有时并没有明显地表现出来罢了。每个人的才华各不相同，不必拿自己的弱项与别人的强项比，徒增烦恼，也不必用自己的强项去比别人的弱项，自鸣得意。广阔天地大有作为，这是用来形容人们才华与所从事的事业之间关系的警言。当人们踏踏实实投入到轰轰烈烈的实践中去时，其才华才会显露出更大的能量，才会为社会做出更多的贡献。

靠智慧能赢得财产，但没有人能用财产换来智慧。

（英）贝·泰勒

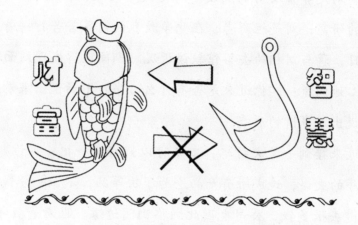

26. 睿智:命运的征服者

睿智是指人们具有深远的思想力与聪明才智。"睿智"一词出于《孔子家语·三恕》："聪明睿智，守之以愚。"睿智的人具有渊博的知识和深刻的思维，不一定非常智慧，但爱好智慧。睿智的养成非一日之功，主要来自于平素的点滴积累；睿智的内涵非一己之见，包括着人世间广博的经验；睿智的运用非一时之逞，是对人生之旅的高度概括。

走上成功的阶梯　上帝在给予你智慧的同时，也给了你最基本的辨别能力，使你的睿智能用在恰当的地方。如果你拥有了这样的智慧，即便你不刻意地运用，它都会自然而然地流露出来。

蒋和刘是非常要好的朋友。蒋是大学的教授，近期正在从事心理方面的研究；刘是经商者，在竞争激烈的商界苦苦打拼着。

这日，蒋与刘相约去茶馆叙谈近况。期间，蒋发现刘面色灰暗，便很关心地问道："你近来是否有什么心事？不妨说出来看看。"刘苦笑着说出了事情的原委。

刘近来接到一笔大订单，本来可以好好赚一把，可谁想到因为一道工序的失误，造成所有产品沦为了次等品，不但一分钱没赚到，反而赔进去很多钱，公司也因此濒临倒闭边缘。眼看着数年的经营成果将要毁于一旦，刘追悔莫及并深深自责。

蒋听后，拉着刘离开茶馆，向附近的钓鱼场奔去。

他俩刚到钓鱼场坐下来不一会儿，就有一条鱼咬钩了，蒋把鱼提起来拿给刘看，说："这鱼儿在咬钩之后，因为刺痛而疯狂挣扎，可是越挣扎鱼钩就扎得越深。你说这鱼，是不是很笨呢？其实，这种'吞钩现象'在人们身边时有发生。每个人都会遇到失误，这就像是人生中的'鱼钩'，让人们不小心给'咬上'了。当这种痛苦深深地陷入心灵之后，人们便不断地负痛挣扎，但却很难摆脱这枚'鱼钩'。老兄，你的近况不就如此吗？"

刘这时亲手把那条上钩的鱼取下，并对蒋说："老兄，谢谢你如此苦心的教诲，我知道该怎么去做了。"

走向成功的分析　这类"吞钩现象"常使人们不能正确地看待失误，不能以积极的心态去接纳失误并汲取教训，总是以过分的自责为自己造成难以磨灭的伤痕。你是否经历过"吞钩现象"？是否也被失误的情节反复折磨不可解脱？过失、屈辱和失落，对每个人来说都是不可避免的。但是，你却可以调动你的智慧，避免它对你产生伤害。

走上成功的阶梯　睿智是种闪光耀眼的才能，以至于每个人都想更多地得到它。但是，人们同时又敬畏于它，因为除了自己拥有之外，极少有人情愿他人的聪慧胜过自己。

有一次，黄新应邀出席当地知名富商举行的宴会。席间，服务生给来宾各送上了一盘肥大的煎鱼，但是在给黄新的盘中，却是几条十分瘦小的煎鱼。

黄新见状并没有说什么，但也没有急着去吃鱼。只见他用手将盘中的小鱼逐条拿起来，并凑近自己的耳朵去听，然后好像听见什么似的连连点头，然后再逐条将其放回了原处。

有人注意到黄新的这个奇怪举动，便不解地问他这是在干什么。

黄新则大声地回答："几年前，我的好友不幸在海上遇难，至今也没有找到遗骸，茫茫深海不知他是否已埋入海底。于是，我就逐个盘问这些小鱼，看看究竟有谁知道我这位朋友的情况。"

人们听后纷纷作笑，有人还故意追问："那么，它们都对着你说了些什么呢？"

黄新一本正经地回答："它们都对我说，自己尚还处在年幼之期，对于过去的事情知道的并不多，但不妨去向那些大鱼们打听一下，也许它们会告诉我真实的情况。"

那位富商这时坐不住了，便神秘地眯起眼睛吩咐服务生，马上给黄新换上了盛有肥大煎鱼的盘子。其实，这是富商预先安排好的一幕。因为他对黄新的智慧有些妒忌，所以想借机当众羞辱他一番。

黄新正确利用了自己的聪明才智，以非常巧妙的方式温和地抗议富商对自己的不公待遇，既维护了自身尊严，又得以吃到肥大的煎鱼。

走向成功的分析　黄新向自己盘中的小鱼发问时，真正坐不住的是心怀鬼胎的富商，他本以为这样更能羞辱黄新，没想到反被黄新机敏地回应，不得不为他换上了与众人相同的煎鱼。黄新无疑是聪明的。聪明的人善于思索、勤于动脑，能够从多个角度观察与认识事物，擅长于寻找捷径，不落俗套勇于创新，所以遇事便总能拿出好的对策。

走上成功的阶梯　佛说："舍得舍得，有舍有得，大舍大得，欲求有得，先学施舍。"这里所阐释的观念非常明确，它深刻地揭示了舍与得之间的辩证关系。人们的实践一再表明，只有那些睿智者方可达到这般境界。

浩瀚的大海中有个海岛，岛上有很多沉积多年的大珍珠，个个价值连城。可是，由于某些原因，人们无法登上这个海岛，只有海鸟能往来栖息在这个岛上。

很多人慕名而来，开始捕杀栖息在海岛上的海鸟。因为，海鸟飞到岛上后会吞食那些珍珠，人们杀鸟取珠，以此获得了巨大的财富。时间稍长，海鸟便渐渐濒临灭绝，仅幸存的几只也成了惊弓之鸟，只要见有人的踪迹，就会迅速逃离。

后来，一位商人买下了海岛上的一片树林，并在树林的周围筑起栅栏，避免外人走进。同时，他还严厉告诫身边人员：不许在树林里捕捉或驱赶海鸟，更不许朝它们放枪。于是，当其它地方响起打鸟的枪声，那些受惊的海鸟便慌乱逃窜，闯入这片树林躲避。时间久了，海鸟们便渐渐地将这片树林作为它们的栖息地了。

自从海鸟进入树林后，便再也不必战战兢兢地过日子了。海鸟们在树林里安居下来，商人就用水果与杂鱼做成美食去喂养它们。海鸟们都很贪吃，吃饱后就把吃进肚子里的珍珠吐出来。

如此日复一日，商人用这种方法获得了很多珍珠，最终成了亿万富翁。

走向成功的分析 有人杀鸟取珠，珍珠虽然拿到手了，可是海鸟却越来越少了。商人买岛围林供海鸟栖息，还投食喂养海鸟，结果海鸟成了他获取珍珠的"工具"，亲自将珍珠送到他手里，这才是聪明的做法。你可能已经体会到了，按正确思路所想出来的方法，才是真正睿智的方法。你也许知道，在利益面前人们的智力会发生变化。有的人变得很愚蠢，有的人却变得很睿智。前者大都极端贪婪，认钱而不认人，惜财不惜命；而后者大多非常理智，君子爱财取之有道，视生命为最大财富。如今，有些人借发展经济为名窃据资源，内外勾结形成利益集团，垄断经营疯狂敛财，甚至置民众、国家、社会大义于不顾，专心营造个人财富的王国。这种貌似推动经济发展的举动，实质是在蚕食国民经济的健全机体，阻碍着社会的发展。这些人虽然身价数亿，但我们能认为他们是睿智的吗？

走上成功的阶梯 对待同一件事情，有人眼中只看到了事情的表象，有人却可以在看到事物表象的同时看到更深层次的事物，因此产生出更多的联想和创新意识。毫无疑问，后者是智慧的。

几十年前，有一高一矮、一瘦一胖两个孩子，他们是好朋友。有一天，他们各自从家中偷拿了些水果和奶制品跑到野外去玩耍。因为天气炎热，他们的食物还没来得及吃完，就在阳光下一点点坏掉了，他们虽然非常心疼却没有任何办法。

后来，两个孩子都上了中学，依然是非常要好的朋友。有一次，他们沿着冰封的湖畔散步，高瘦男孩突然说："你还记得吗，咱们有一年夏天从家里偷东西出来吃。"

矮胖男孩说："当然记得，可惜那些剩下的食物后来全都坏掉了！"

高瘦男孩指着湖面问："你看见湖里冻结的那些冰了吗？"

矮胖男孩说："这里的冬天到处是冰，有什么可大惊小怪的？"

高瘦男孩则兴奋地说："那我们为什么不能把这些冰全部收集起来，运到炎热地方的港口去销售呢？"

矮胖男孩嘲笑说："你别犯傻了，冰兴许还没运到那里就化成水了！"

可是，高瘦男孩的目光依然久久地注视着湖面，思索着。

几年之后，21岁的高瘦男孩再次找到他当年的好友，想和他共同来做冰的生意，可好友再次拒绝了他，并好言相劝："人要实际一些，别总是异想天开。"于是高瘦男孩便开始自己经营。他在他人的资助下，用 1 万美元将 130 吨冰运到了酷热的旅游海岛上，大赚了一把，并在当地小有名气。此后的 15 年，他逐渐将冰的生意做成了世界性的行业，在船所能到达的任何地方，去满足人们对冰镇饮料、冷藏水果和冷藏肉类的需求。后来，他能够将 15 万吨的冰装上 380 条大船运往世界 50 多个国家和地区，而他也已经成为了世界冰王和亿万富翁。高瘦男孩的做法给了科学家们以启发，促进了冰箱的问世。而当年那个矮胖男孩却依然过着普通的生活，他没想到那些曾被他忽视的冰竟然会成就好友的梦想。

天才与常人的区别也许就在于一双眼睛和一个善思的头脑。

走向成功的分析 高瘦男孩看见冰，想起那些坏掉的食物，从而联想到可以用冰来保鲜，并可以开拓出很大的市场。当他把这件事告知好友——那个矮胖男孩时，却受到其劝阻与讥讽。但是他坚持己见，做起了冰的生意，直至将其做到全球范围。假如当初他听从了好友的劝告，放弃了对冰的幻想，那么他也只能像好友那样，一生默默无闻。当你有一些创造性的想法，在与他人沟通遭到反对时，不要轻易地将其否定或者放弃，不要因多数人认为不可行你就不再去坚持了，相反要敢于在实践中对其进行验证，并能够对其不足进行及时的弥补与修正，说不定也会从中得出新的发明。

走上成功的阶梯 智者所展现的是聪明才智，愚者所表现的是愚昧乏味，前者收获了丰收的果实，后者却只能守着空空的土地哭泣，却不知为何自己一无所获。他或许不认为自己是愚笨的人，但却不知道真正的聪明才智是经得起时间检验的。

　　唐三是乡政府的看门人，其突出的特长是擅长鼓掌。

　　每逢开会乡长作报告时，唐三必定会带头鼓掌，并且那种掌声响似雷鸣，极其富有感染力，每每拍响必然会引得满场掌声高潮迭起。于是，乡长认为此人甚是聪明，便对其倍加偏爱，随后就将其提拔为乡政府的办事员。后来，乡长荣升为县里某局的局长，唐三便有幸成了局长秘书，到了这个职位后他为局长鼓掌更是尽职尽力，技术更是炉火纯青，还得到一个美誉："神掌唐"。

　　县长听说此事，亦爱才惜才，便将唐三提拔为县政府的秘书。于是，县政府从此以后的所有会议便一改往时冷清的局面，场场气氛如火如荼，县长暗自窃喜，不禁想到：重用人才还真的起了很大作用嘛。

　　有一日，县长在作报告，唐三因前夜打牌入睡很晚，所以很是疲劳，神志朦胧，坐着坐着就打起了瞌睡。突然，唐三听到身边响起窃窃笑声，抬眼望去，见县长作报告此刻正在停顿，且左顾右盼，似乎在期待掌声的响起。于是，唐三立刻振奋精神，憋足劲鼓起掌来。听到这掌声人们先是一惊，继而满场掌声大作。等到掌声落下后，人们看到县长脸色铁青，双目喷火。

　　原来，唐三鼓掌时，正是县长意识到自己念了某个错别字的时候。几日之后，唐三就被安排去看县政府的大门，又重新干起了老本行。

　　走向成功的分析　唐三并无真才实学，可是却擅长察言观色，极尽讨好之能。因为他的掌声迎合了某些领导的喜好，便被视为人才节节高升。虽然这仅是则笑话，但是其中的寓意却发人深思。你应该意识到，那些阿谀奉承、溜须拍马、投机取巧、弄虚作假的行为，并非真的聪明之举，也绝不会长久。

走向成功的感悟

　　睿智是种闪光耀眼的才能，以至于每个人都想更多地得到它。上帝在给予你智慧的同时，也给了你辨别的能力，使你的睿智能够用在恰当的地方。如果你拥有了这样的智慧，即便你不刻意地运用，它都会自然而然地流露出来。真正拥有聪明才智的人，一定会找到合适的场合来充分表现它们。